Pâtisseries à Paris

INTRODUCTION

パリを旅する楽しみのひとつが、おいしいお菓子!
ころんとした形も色合いも愛らしいマカロン、
チョコレートにおおわれて、つやつやとしたエクレア、
カカオの風味が口いっぱい広がる、ボンボン・ショコラ、
バラの香りがエレガントなルリジューズ。
パリで出会って「おいしい!」「かわいいね!」と、
思わず目をまるくしたお菓子をあげると、きりがないほど…。
そんなすばらしいお菓子を生み出す
パリのお菓子屋さんを、私たちはたずねました。

味と香りと食感、そして美しさ、そのすべての
ハーモニーから、私たちをしあわせにしてくれる
パティシエたちは、まさにアーティスト。
フランス菓子の伝統や、旬の素材を大切にしながら
自由なアイデアと感性を加えて、新しい味わいや
わくわくするようなフォルムを作り出しています。

パティスリーからサロン・ド・テ、ショコラティエに、
コンフィズリー、そしてアイスクリーム・ショップまで。
大人も子どももみんなをハッピーにする
「パリのお菓子の世界」を旅しましょう!

ジュウ・ドゥ・ポゥム

Antoine
(Sucré Cacao)

CONTENTS

Pâtisseries et Salons de Thés

Angélina
アンジェリーナ · · · · · · · · · · · · · · · 6

Carl Marletti
カール・マルレッティ · · · · · · · · · · · · · · · 12

Ladurée
ラデュレ · · · · · · · · · · · · · · · 16

Chez Bogato
シェ・ボガト · · · · · · · · · · · · · · · 22

Pain de Sucre
パン・ドゥ・シュークル · · · · · · · · · · · · · · · 28

Sadaharu Aoki
サダハル・アオキ · · · · · · · · · · · · · · · 32

Sucré Cacao
シュクレ・カカオ · · · · · · · · · · · · · · · 38

Arnaud Larher
アルノー・ラエール · · · · · · · · · · · · · · · 42

Carette
カレット · · · · · · · · · · · · · · · 46

La Pâtisserie par Véronique Mauclerc
ラ・パティスリー・パール・ヴェロニック・モクレルク · · · · · · · · · · · · · · · 50

Des Gâteaux et du Pain
デ・ガトー・エ・デュ・パン · · · · · · · · · · · · · · · 52

Stohrer
ストレー · · · · · · · · · · · · · · · 56

Laurent Duchêne
ローラン・デュシェーヌ · · · · · · · · · · · · · · · 58

Daubos
ドボス · · · · · · · · · · · · · · · 64

Pierre Hermé
ピエール・エルメ · · · · · · · · · · · · · · · 68

Blé Sucré
ブレ・シュクレ · · · · · · · · · · · · · · · 72

Rose Bakery
ローズ・ベーカリー · · · · · · · · · · · · · · · 76

Salons de Thés des Grands Hôtels

Le Dali au Meurice
ル・ダリ・オ・ムーリス · · · · · · · 78

Le Bar du Bristol
ル・バー・デュ・ブリストル · · · · · 82

La Galerie de Gobelins au Plaza Athénée
ラ・ギャルリー・ドゥ・ゴブラン・オ・プラザ・アテネ · · · · · · · 86

Confiseries

A la Mère de Famille
ア・ラ・メール・ドゥ・ファミーユ · · · · · 90

A l'Etoile d'Or
ア・レトワール・ドール · · · · · 94

Chocolatiers

La Maison du Chocolat
ラ・メゾン・デュ・ショコラ · · · · · 98

Jacques Genin Fondeur en Chocolat
ジャック・ジュナン フォンダー・アン・ショコラ · · · · · 102

Patrick Roger
パトリック・ロジェ · · · · · 106

Jean-Charles Rochoux
ジャン＝シャルル・ロシュー · · · · · 110

Debauve & Gallais
ドゥボーヴ・エ・ガレ · · · · · 114

Jean-Paul Hévin
ジャン＝ポール・エヴァン · · · · · 118

Glaciers

Raimo
ライモ · · · · · 122

Berthillon
ベルティヨン · · · · · 124

本書で紹介したデータは、2009年6月取材時のものです。メニューや情報が取材後に変更している可能性もございますので、ご了承ください。

Angélina
アンジェリーナ

226, rue de Rivoli 75001 Paris tél : 01 42 60 82 00 métro : Tuileries
ouverture : 月-日 9:00～19:00 www.groupe-bertrand.com/angelina.php

クラシックなサロンで楽しむ、パリの定番モンブラン

チュイルリー公園の向かいにある「アンジェリーナ」は、1903年創業のサロン・ド・テ。高い天井に、大理石のテーブルと革張りのイスが並ぶ優雅なインテリアは当時、上流階級の人々が集う社交サロンのような場所だったという歴史を感じさせます。このお店を代表するお菓子といえば、モンブラン。創業からの人気メニューで、そのレシピはいまでも変わりません。

栗の風味が濃厚なマロンクリームと甘さ控えめの生クリーム、そしてサクサクした食感のメレンゲは、他では味わえないおいしさ！ 2007年3月からはセバスチャン・ボエさんがパティシエとして、サロンのクラシックなイメージを大切にしながらも、親しみやすさを持った新しいお菓子を作り出しています。

上：19世紀の雰囲気ただようシックなインテリアの店内。ウェイティング・スペースにはショーケースがあるので、どのケーキをオーダーしようと悩みながら、案内を待つのも楽しい。**左下**：リヴォリ通りに面したサロンの入り口には、美しいモザイクで店名が描かれています。**右下**：パリジェンヌたちに人気のショコラ・ショー。濃厚なチョコレートに、好みで生クリームを加えて。

左上：通りに面したテーブルを見下ろして。右上：セバスチャンさんの趣味はサーフィン。波に乗るときに大切なバランス感覚は、お菓子を創作するときも同じだそう。右中：15種類のケーキが並ぶショーケース。左下：チョコレートのタルトレット「エヴァ」。中下：週末には1日400個も作られるモンブラン。右下：日本人スタッフのノリコさん考案のレシピ、パイナップルといちごを使ったケーキ。

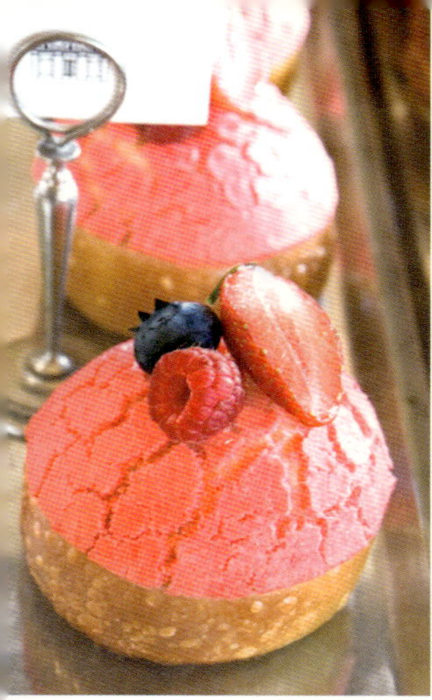
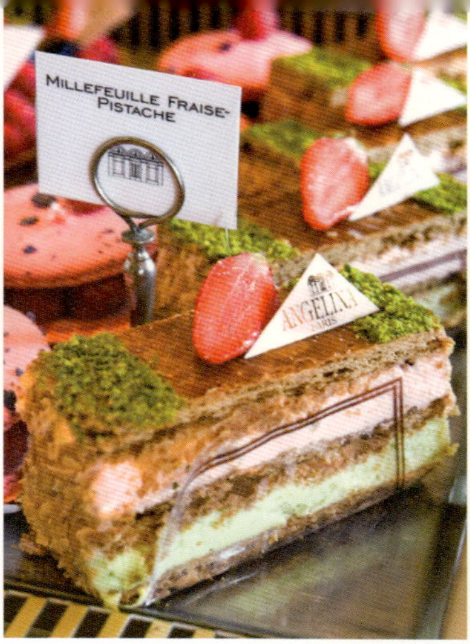
MILLEFEUILLE FRAISE-
PISTACHE
ANGELINA
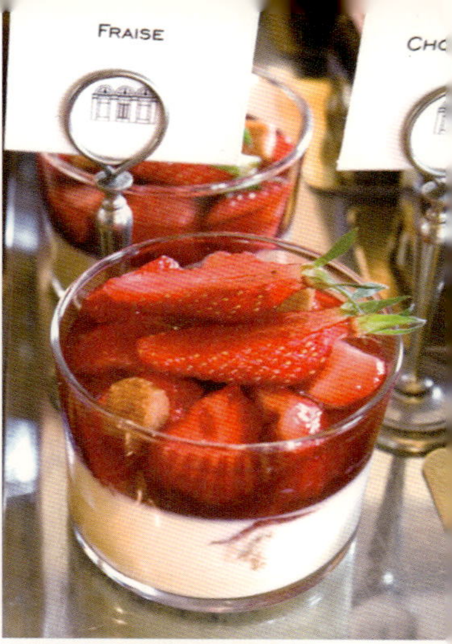
FRAISE
PÉZIENNE AU CAFÉ
MILLEFEUILLE VANILLE
BOURBON
ANGELINA
PARIS

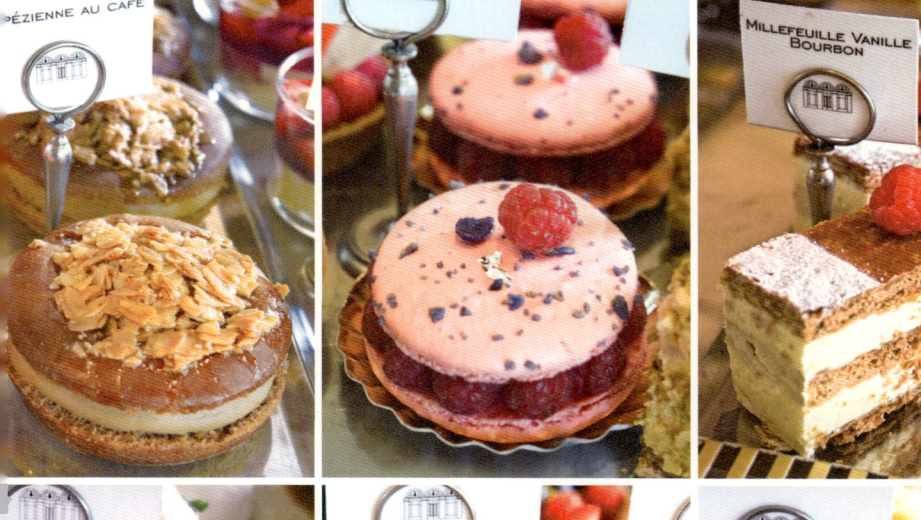

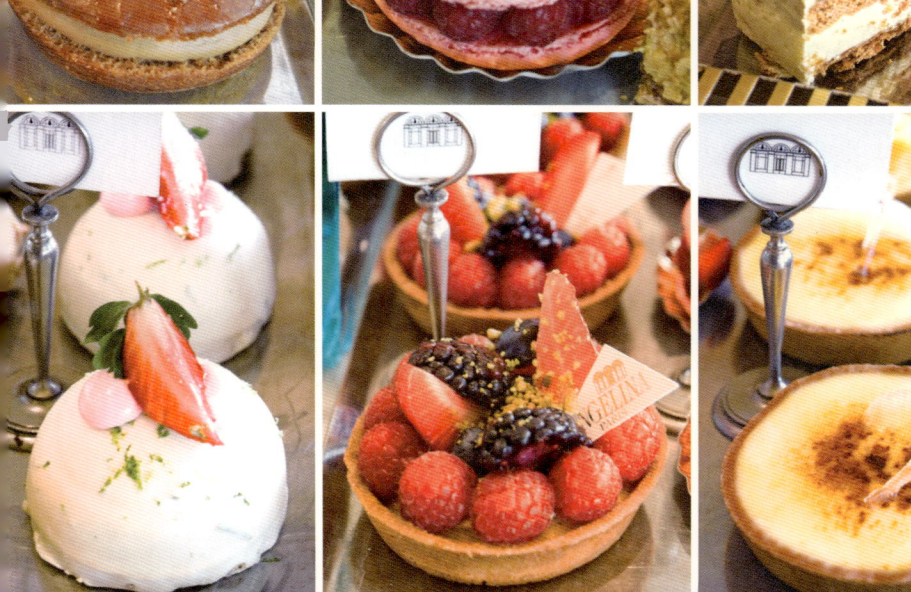

左上：チュイルリー公園をお散歩しながら楽しめるようにと生まれた、棒付きマカロン。右上：こちらも食べやすさを考えられた、細長い形の「マカロング」。右下：お持ち帰り用のお菓子が並ぶカウンター。右中：定番のミニ・マカロン。右下：ショコラ・ショーのポットとカップ。いままではサロンの中だけで出されていたショコラ・ショーが、セバスチャンさんの提案でテイクアウトも可能に。

左上＆右上：テイクアウト・カウンターに並ぶ、クロワッサンやブリオッシュなどのヴィエノワズリー。右中：「マカロン・オン・ザ・スティック」はバニラとショコラ・ノワールとストロベリーの3種類。季節によってフレーバーも変えていくそう。下：ショッピングや観光の合間に立ち寄って、お茶や食事を楽しむ人々で、店内はいつもにぎわっています。

Carl Marletti

カール・マルレッティ

51, rue Censier 75005 Paris　tél : 01 43 31 68 12　métro : Censier Daubenton
ouverture : 火-土 10:00～20:00、日 10:00～13:30　www.carlmarletti.com

色とりどりのお菓子は、まるでジュエリーのよう

愛らしい姿のルリジューズに、いい焼き色のミルフィーユ……。お菓子がまるで宝石のように並べられた「カール・マルレッティ」は、マルシェでにぎわうムフタール通り近くのパティスリー。ホテル「ル・グラン・ドテル」のシェフ・パティシエを経て、長年の夢をかなえたカールさん。思い描いていたお店のイメージを、インテリアやパッケージから作りあげていきました。その

お手本はクラシックでありながら、いつの時代も新しさを感じさせる「シャネル」。お菓子への考え方も同じく、定番のものを中心に、新しい風味を取り入れて種類豊富に揃えています。カールさんが選んだ最高の素材をフレッシュなうちに、シンプルなお菓子ならではのおいしさが感じられるお店です。

左上：左がパティシエのカールさん、右が店頭を担当するジャン‐ミシェルさん。ジャン‐ミシェルさんの美しいディスプレイとていねいな対応は、このお店の魅力のひとつ。左中：ルリジューズは、ショコラ、ピスタチオ、ローズ、カフェの4種類。左下：ソニア・リキエルもお気に入りというミルフィーユ。右下：ふわっと溶けていく、やさしい口当たりのマカロンは新鮮なうちに味わって。

左上：インテリアのポイントは、ゆるやかな曲線を描くショーケース。右上：ヴァイオレット風味の「リリー・ヴァレー」はフローリストとして活躍する奥さまの店名にちなんだオリジナル。右中：フランボワーズとバラ風味のクリームを使った「マリー・アントワネット」。左下：店内のお花のアレンジは、奥さまのロールさんの手によるもの。右下：コンフィチュールは、全部で10種類。

Ladurée
ラデュレ

75, avenue des Champs Elysées 75008 Paris　tél : 01 40 75 08 75　métro : George V　www.laduree.fr
ouverture : boutique 7:30〜23:00, restaurant 月-土 7:30〜24:00, 日 8:30〜24:00
bar 月-木 9:00〜23:30, 金 9:00〜24:30, 土 10:00〜24:30, 日 10:00〜23:30

ころんと愛らしいマカロンを、エレガントなサロンで

パリのマカロンといえば、だれもが思い浮かべる「ラデュレ」。1862年にその歴史ははじまり、150年近くを経たいまもたくさんの人々に愛されるサロン・ド・テです。その魅力のひとつが、春夏、秋冬のコレクションのほかに、復活祭やクリスマスなどイベントにあわせて発表される新しいお菓子の数々。まるでオートクチュールのように、私たちを楽しませてくれます。クラシックを見直し、そのよさを大切にしながら新しい冒険を試みる、その哲学はシャンゼリゼ大通りにある店舗にも感じられます。ナポレオン3世様式のインテリアは、ジャック・ガルシアの手によるもの。きらびやかなサロンで、見た目もエレガントなお菓子とともに、ぜいたくな時間を味わうことができます。

上：ラデュレ・カラーともいえるパステルグリーンと、ゴールドにいろどられたファサード。左下：マカロンにクリームをはさむ「マカロン・パリジャン」のスタイルを生み出したのが、60年代にパティシエを務めたピエール・デフォンテーヌ。右中：ダイニング・テーブルにセットされたメニュー。右下：毎月、新しいデザインが発表されるマカロン・ボックスは、コレクターもいるほど。

左上：フランス語でキスという意味の「ベゼ」。中上：フランス産マロンクリームがたっぷり使われたモンブラン。右上：ルリジューズはローズとヴァイオレットの2種類。左中：味わいの調和と食感、そして見た目の美しさを大切にしながらお菓子づくりをしている、シェフ・パティシエのフィリップ・アンドリューさん。右下：2階にある5室のダイニングルームのひとつ「バエヴァ」。

上：1階にあるテイクアウト用のお菓子が並ぶカウンター。左中：オリジナルのノートや、チョコレート、すみれの砂糖漬けなどを詰め合わせたボックス。左下：ヴィエノワズリーは、朝7時半からオープンしている「ラデュレ」で朝食としても人気の品。右下：ボックスの色に合わせて、選んでくれるリボン。エレガントなパッケージは、たくさんの女性たちに愛される理由のひとつ。

左上：マカロンを使ったカクテルは「ル・バー」だけのオリジナル。左中：バラとフランボワーズのグラスデザート。右上：1階奥にある「ル・バー」のインテリアは、ロクサーヌ・ロドリゲスによるデザイン。左下：アルコールだけでなく、お茶や軽いお食事も楽しめます。右下：ヘーゼルナッツとチョコレートを組み合わせたグラスデザート「プレジール・シュクレ」とバラのカクテル「ア・ノ・ザムール」。

Chez Bogato

シェ・ボガト

7, rue Liancourt 75014 Paris　tél : 09 61 05 04 00　métro : Danfert Rochereau, Mouton Duvernet
ouverture : 火-土 10:00~19:00　chezbogato.fr

子どもも大人も笑顔になる、キュートなお菓子の家

「お菓子を作ること、そして喜びを与えることが好き」というアナイス・オルメールさん。楽しさがあふれてくるような、夢いっぱいのお菓子づくりをしたいと「シェ・ボガト」を立ち上げました。これまでサブレなどのお菓子をオーダーメイドで手がけていましたが、小さなお店が集まるダゲール通りのそばにブティックをオープン。チョコレート・カラーの外観に、パステルピンクの壁面の店内は、まさにお菓子の家のよう。お花の形のマカロンに、ねこ型や恐竜型のサブレ、リボンが飾られたみんなが大好きな「ヌテラ」のタルトレットなど、子どもも大人も笑顔になるお菓子がたくさん！アナイスさんがセレクトした食器やキッチン用品など、かわいらしい雑貨も揃います。

左上：ウィンドウにかかるペイントは、まるでチョコレートクリームを塗ったかのよう。右上：カラフルなボウルとケーキプレートは、デンマークの雑貨ブランド「ライス」のもの。右中：50年代のおもちゃの家具に、イギリスのデザイナー「ラブリーラブリー」のグラスを飾って。左下：若いカップルの生産者が手がける、ボトルもかわいいはちみつ。右下：さまざまなデザインが楽しいサブレ。

左上：お菓子を手がけるのは、料理学校のフェランディで同期だったアナイスさんとミエさん。写真を撮るならと着けてくれた「ひげ＋コック帽」は、のぐちようこさんのデザイン。右上：季節のフルーツを焼きこんだケーキ。左中：ミルク・チョコレートのスウィートな味わい「エトワール」。左下：しっかりした味わいのモワルーショコラ。右下：棚にはキッチンにまつわる楽しい雑貨がたくさん。

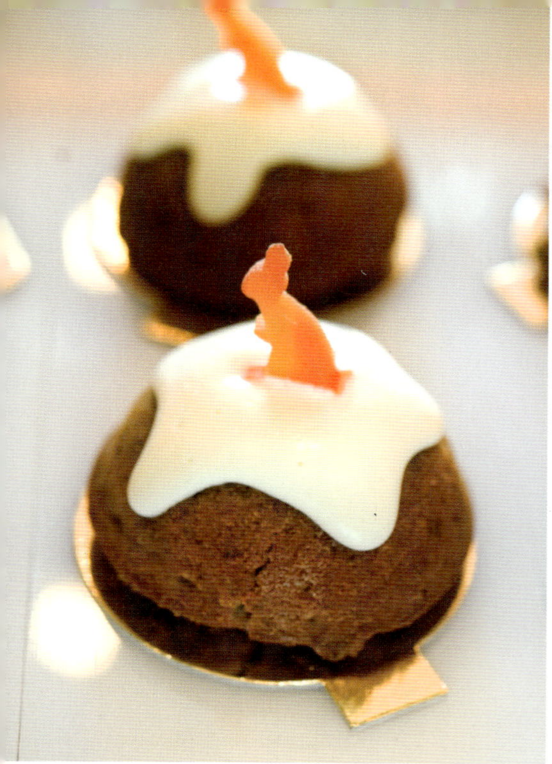

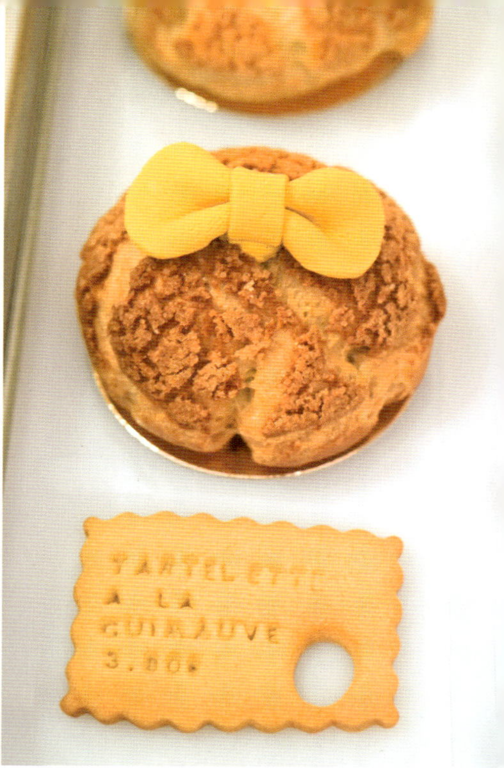
TARTELETTE
A LA

PRAIRIE

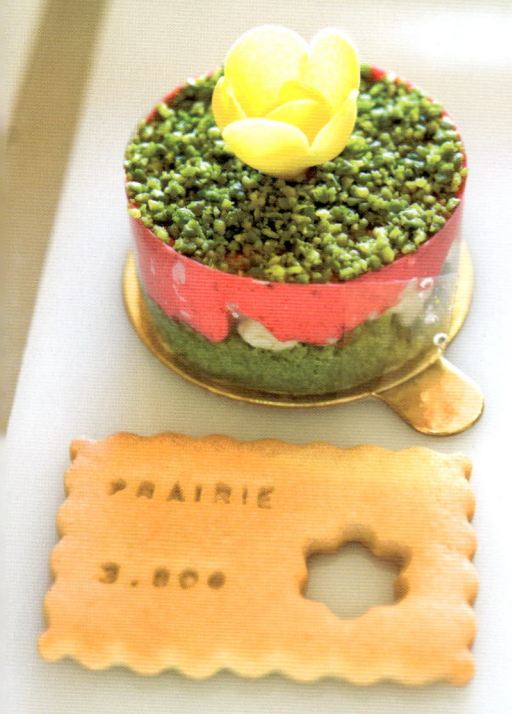

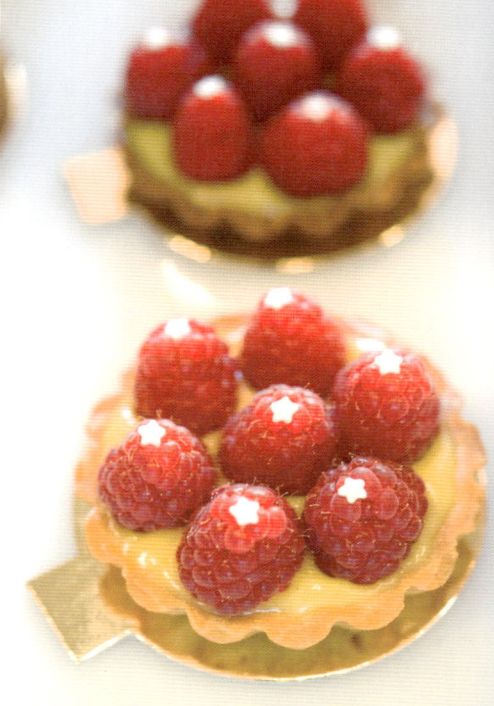

左上：パッケージのイラストがキュートなチョコレート。右上：そば粉とクルミ粉をあわせた生地に栗のはちみつを入れた、フィナンシェールは香ばしい味わい。左中：マーブル生地で焼いた馬のサブレは1頭ずつ模様が違います。左下：小さなマドレーヌは、レシピ本の作者がサイン会のために作ったもの。店内ではさまざまなイベントも企画されています。右下：ブラウンのタイルでおおわれた、店内奥にあるアトリエ。

Pain de Sucre
パン・ドゥ・シュークル

14, rue Rambuteau 75003 Paris　tél : 01 45 74 68 92　métro : Rambuteau
ouverture : 月&木-土 10:00~20:00, 日 10:00~19:00　www.patisseriepaindesucre.com

アイデアたっぷり、クリエイティブなお菓子たち

ショーウィンドウに並ぶ目にもあざやかなお菓子が、道行く人々をひきつける「パン・ドゥ・シュークル」は、ポンピドゥーセンター近くのランビュトー通りにあります。パティシエは、ディディエ・マトレさんとナタリー・ロベールさんのご夫婦。ふたりともパリの3つ星レストラン「ピエール・ガニエール」でシェフ・パティシエを経験し、クリエイティブなデザートを生み出してきました。このお店のお菓子も、フレーバーの組み合わせやユニークな形に、ふたりのアイデアやテクニックを感じるものばかり。砂糖を控えめに、素材の魅力をひきだしているので、味わいもフレッシュ。しっかりしたディナーのあとでも、ぺろりと食べることができる、軽やかさがうれしいお菓子ばかりです。

上：もともとパン屋さんだった店舗を、ヴァカンスのたびに少しずつリフォームして、いまのスタイルに。左下：さっくりとした食感を楽しめるよう、クランブル生地を乗せて焼き上げるエクレアは、ディディエさんによるレシピ。右中：お子さんが生まれた記念に作られたサブレ「プチ・ジュール」。右下：ローズマリー風味のりんごのコンポートやさまざまなフルーツがぎっしり入ったピスタチオのケーキ。

上：チョコレート・カラーをベースにした店内。壁沿いにはコンフィチュール、カウンターにはケーキなどのお菓子、レジ近くにはパンやサンドイッチも並ぶ、充実した品揃え。左中：子どもたちのおやつに喜ばれそうな、アヒル型のチョコレート。左下：砂糖漬けにしたコリアンダーの葉は、お茶のお供に。右下：やさしい瞳に、ほがらかな人柄が感じられるディディエさん。

左上：チューブを押せばラム酒が染みこみ、フレッシュな風味を楽しむことができるババ・オ・ラム。中上：ストローで味わえる、ゼラチン控えめのジュレを入れたグラスデザート。右上：カレー風味のビスキュイがベースになった「ボリウッド」。左中：オレンジの花の香りが広がるカリソン。左下：一口サイズの焼き菓子。右下：このお店から作られるようになった、さまざまなフレーバーのマシュマロ。

Sadaharu Aoki

サダハル・アオキ

56, boulevard Port Royal 75005 Paris　tél : 01 45 35 36 80
métro : Les Gobelins　ouverture : 火～土 10:00～19:00、日 11:00～18:00
35, rue Vaugirard 75006 Paris　tél : 01 45 44 48 90　métro : Rennes
ouverture : 火～土 11:00～19:00、日 10:00～18:00　www.sadaharuaoki.com

大好きなパリの空気と豊かな素材に、和のエッセンス

マカロンやエクレアなど伝統的なフランスのお菓子に、抹茶やゴマ、あずきなど和の素材を取り入れた「サダハル・アオキ」。「人を喜ばせたいという気持ちこそ、すべての原点」というサダハルさん。お菓子づくりでも、どうしたら喜んでもらえるのかをイメージしながら、口に入れたときに最高の味わいであるようにと、探求が重ねられています。たとえば焼き菓子のしっとりした食感は、バターの使い方の工夫から引き出されたもの。そしてフランスにやってきた当初、感激して食べ歩いたというフルーツは、思い入れのある産地の素材を集めています。おいしいものへの情熱から作り出されるサダハルさんのお菓子には、大好きな街だというパリの魅力が詰まっているかのようです。

左上：モダンなお店のイメージを伝える、シンプルなデザインのロゴ。左中：マカロンをチョコレートで薄くコーティングした「ショコロン」。右上：パリ、そしてお菓子に対する愛情を、情熱たっぷりに語ってくれたサダハルさん。下：ポール・ロワイヤル店は、ガラスの壁や照明など、インテリアのほとんどをサダハルさん自ら手作りした空間。シンプルで明るい店内に、お菓子が美しく映えます。

左上：ずらりと並ぶマカロンは、ほうじ茶、ゴマ、わさび、梅など、和のフレーバーもバリエーション豊か。右上：フランスのクラシックなケーキ、オペラを抹茶でアレンジした「バンブー」。左中：タルト生地をさっくりと味わえるように工夫されたレモンタルト。左下：ギンガムチェックのペーパーがかわいらしい「ピクニック」は手で持ったまま、思いきりほおばることのできるミルフィーユ。

左上：ゆずの香りがふんわりと広がるチョコレート。**右上**：抹茶やゴマ、しょうがなど、和素材を取り入れたタブレット・チョコレート。**左下**：マドレーヌなどの焼き菓子が並ぶ棚。**右中**：ブリオッシュ生地に細かく切ったフルーツ・コンフィが入ったパネトーネ。**右下**：「ケーク・オ・ピスタッシュ」は、ピスタチオ風味のフルーツケーキ。アーモンドオイルでのばしたピスタチオ・ペーストを加えて、濃厚な味わい。

pâtisserie
Sadaharu AOKI
paris

pâtisserie
Sadaharu AOKI
paris

Sucré Cacao

シュクレ・カカオ

89, avenue Gambetta 75020 Paris　tél : 01 46 36 87 11　métro : Gambetta
ouverture : 火〜土 9:00〜19:30、日 9:00〜18:30　www.sucrecacao.com

ひとつひとつていねいに、愛のこもったやさしい味

　ガンベッタ駅から続く坂道をのぼっていくと、オレンジのシェードが張り出した「シュクレ・カカオ」が見えてきます。パティシエのジェームスさんは、有名パティスリー「ペルティエ」やホテル「ル・ムーリス」でシェフ・パティシエを経験したあと、昔ながらのパリの情緒が残る庶民的なカルチエに、このお店をオープンしました。マダムのソフィーさんがサービスしてくれるお店は、アットホームな雰囲気。20種以上のパティスリーが並ぶショーケースを前にすると、どれにしようと迷ってしまうほど、どれもおいしそうで興味をそそるものばかり。ユニークな組み合わせにチャレンジしたクリエイティブなお菓子も、繊細なバランスで作られていて、やさしいハーモニーが生まれています。

左上：看板のマークは、政府公認のパティシエである印。左中：シェフのジェームスさんとマダムのソフィーさん。右上：お店の前でスクーターに乗る男の子は、息子のアントワーヌくん。左下：チョコレートムースにフランボワーズジャムを閉じこめた「オジリス」。中下：パッションフルーツを使った「オペラ・ポップ」。右下：抹茶のムースをグリオット・チェリーのピュレで包んだ「ゼン」。

上：手前からケーキ、チョコレート、焼き菓子とキッシュなどの軽食というふうに、種類別にケースを分けてディスプレイ。混雑しても、お客さんが見やすいよう工夫してあります。**中**：ショコラティエにひけをとらない、ジェームスさんのボンボン・ショコラ。**左下**：カラフルなたまご型のチョコレートボール。**中下**：オレンジ・コンフィのチョコレートがけ。**右下**：タブレットも種類豊富。

Atelier

学校が終わると、いつもパパのお手伝いをしている10歳のメアリーちゃんと、おちゃめな7歳のアントワーヌくんが、フルーツタルトのデコレーションにチャレンジ。お店に並べられるほど美しい仕上がりに、ふたりもにっこり大満足！

Arnaud Larher
アルノー・ラエール

53, rue Caulaincourt 75018 Paris　tél : 01 42 57 68 08　métro : Lamarck Caulaincourt
ouverture : 火-土 10:00〜19:30　www.arnaud-larher.com

しあわせのアルチザンが手がける、お菓子にうっとり

チョコレートにマカロン、そしてケーキ、おいしいお菓子ばかりだけれど「アルノー・ラエール」のクイニー・アマンはパリでいちばん！パティシエのアルノーさんはブルターニュ地方出身で、クイニー・アマンもこの地方で生まれたお菓子。有塩バターの味わいに、キャラメル状のかりっとした表面とふんわりした生地のコントラストは、やみつきになるおいしさ。アルノーさんのお店はモンマルトルの丘のそば、住宅街が広がるカルチエにあります。ウィンドウに向けて、ケーキのショーケースを置いているので、窓の外からのぞきこむ人もたくさん。「私は幸福を作るアルチザンです」というアルノーさん。お菓子を手にしたお客さんの笑顔は、まさにしあわせいっぱいです。

上：明るいオレンジのファサードは、通りでも目をひく存在。中：シェフのアルノーさんと、店頭でサービスを担当するマダムのキャロリーヌさん。トリコロールカラーの襟のコックコートは、国家最優秀職人としての称号MOF取得者の証。左下：いろいろな形が楽しいサブレ。中下：人気のクイニー・アマンは午後には売り切れることも。右下：美しい飴細工のオブジェ。

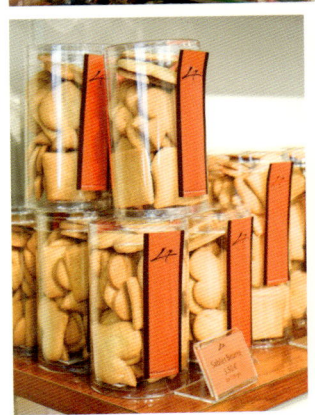

上：店内のカウンターには、マカロン16種、ボンボン・ショコラ22種、ヴィエノワズリーや焼き菓子が並ぶ。左下：「どれがいい?」とママと女の子が相談中。右中：アルノーさんが選んだ、おすすめの3種類。左から「ミルフィーユ・デュ・モーメント」「レシフ」「パリ・トーキョー」。右下：量り売りのマロン・コンフィ。お鍋のまま置かれていて、なんともおいしそう。

Casse Noisette
4.50 €

Carette
カレット

4, place du Trocadero 75016 Paris　tél : 01 47 27 98 85
métro : Trocadero　ouverture : 月-日 7:00〜24:00

おいしいお菓子とエッフェル塔で、パリ気分を満喫

エッフェル塔をのぞむトロカデロ広場に面したサロン・ド・テ「カレット」。ツーリストだけでなく、おしゃべりを楽しむマダムや新聞を広げるムッシューなど、常連らしいお客さんが多く、地元で愛されているお店であることが分かります。1927年創業の歴史あるサロンは、2008年にリニューアル。イメージはそのまま、テラスとサロンを仕切っていた壁を取り去って、お店全体が明るいオープンスペースになりました。店内左手に作られた大きなショーケースに並ぶ、ケーキは30種類以上！中でもパティシエのフレデリック・テシエさんが手がけるエクレアとクロワッサンは、数々の賞に輝いたスペシャリテ。おいしいお菓子とエッフェル塔、パリの気分を満喫できるサロンです。

左上：太陽の光がいっぱいのテラス席は、いつもにぎやか。右上：サービスの責任者、マルシャル・ドゥモネさん。左中：バニラのマカロンに、ピスタチオ風味のカスタードとフランボワーズをサンド。左下：クリームにガナッシュ、ビスキュイまですべてがチョコレートの「チョコ・ショック」。右下：クラシックなものから季節感を取り入れた新作まで、色とりどりのお菓子がずらりと並ぶ様子は圧巻。

上：大理石の丸テーブルが並ぶ、ゆったりとした店内。左下：このサロンで35年来サービスを担当しているマダム、カティさん。残してしまったヴィエノワズリーを包んで、お持ち帰り用にしてくれるのもうれしい心づかい。右中：ミニ・ヴィエノワズリー3種とドリンクがセットになった朝のメニュー「エクスプレス・カレット」。右下：きめこまやかな生地が美しいブリオッシュ。

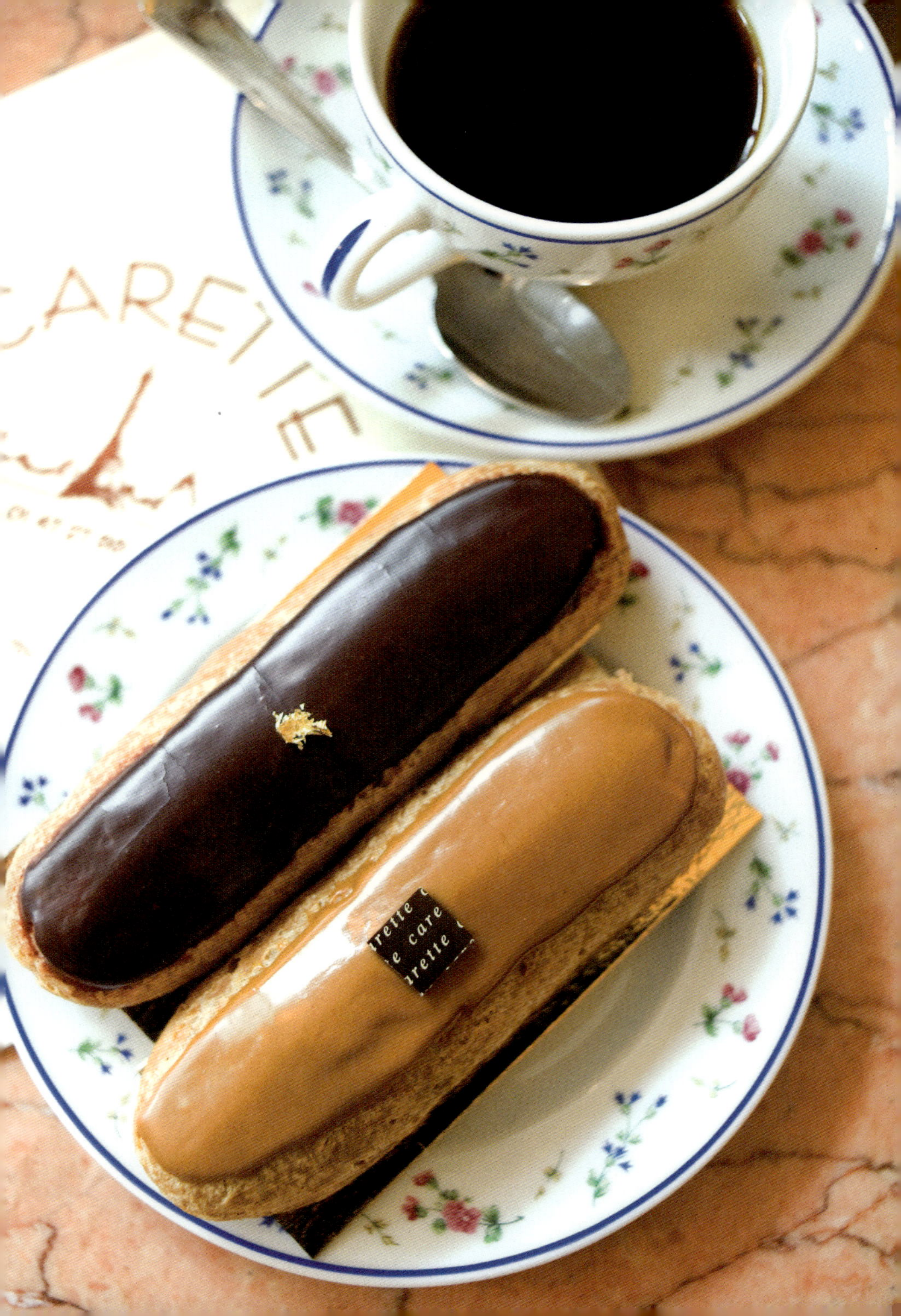
CARETTE

La Pâtisserie par Véronique Mauclerc

ラ・パティスリー・パール・ヴェロニック・モクレルク

11, rue Poncelet 75017 Paris　métro : Ternes
ouverture : 火-土 9:00~19:30, 日 9:00~13:00

ウィーンやドイツのお菓子に、パリらしさを加えて

マルシェでにぎわうポンスレ通りにある「ラ・パティスリー・パール・ヴェロニック・モクレルク」。ここはもともと「ストゥブリ」というウィーンやドイツのお菓子のパティスリーとして人気のあったお店でした。以前と変わらず、いまもショーケースの中には、フランボワーズのジャム入りタルト、リンツァートルテや、薄いパイ生地にりんごが入ったシュトゥルーデル、そしてフォレ・ノワールなどが並んでいます。新しいオーナーでパティシエールのヴェロニックさんは、みんなに愛されていたこのお店の歴史やレシピを大切にしながら、自分らしさを加えていきたいと考えているところ。2階にあるサロン・ド・テでは、お菓子はもちろん、お食事も楽しむことができます。

左上：モーツァルトのイラスト・ボックスに入ったチョコレート。右上：ふわふわのチョコレート・スポンジと生クリーム、甘酸っぱいチェリーとキルシュの風味が魅力のフォレ・ノワール。左中：人気のパン屋さんも手がけるヴェロニックさん。左下：チョコレートムースの中にバニラ風味のクレームブリュレが入った「ビュット・ショーモン」はヴェロニックさんのオリジナル。

Des Gâteaux et du Pain

デ・ガトー・エ・デュ・パン

63, boulevard Pasteur 75015 Paris　tél : 01 45 38 94 16
métro : Pasteur　ouverture : 月&水-日 8:00~20:00

色、香り、形に味わい、五感で楽しむ華やかなお菓子

パストゥール大通り沿いにある「デ・ガトー・エ・デュ・パン」は、黒を基調にしたシックなパティスリー。「ラデュレ」や「ピエール・エルメ」、ホテルなどで経験を積んだクレール・ダモンさんが、長年思い描いていた「パン屋さんを兼ねたお菓子屋さん」という夢を叶えたお店です。広々とした店内のまん中に、ヴィエノワズリーなどが並ぶカウンターがあるので、お客さんはより自由に、欲しいものを選ぶことができます。そしてケーキのショーケースは、店内左手の奥、たっぷりとしたゴールドのカーテンの前に。ルリジューズやエクレア、クラシックなお菓子を愛するクレールさん。その色や香り、フレーバーをアレンジした、華やかで女性らしいお菓子が並びます。

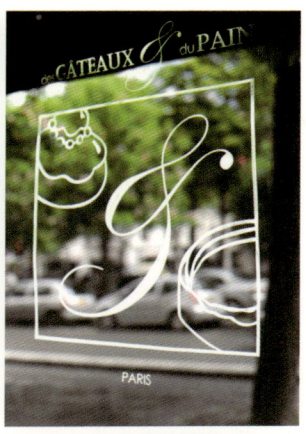

左上：クレールさんが手がける軽い味わいのケーキ。右上：「お菓子とパン」をイラストにしたお店のロゴ。右中：イースターのときに制作したアボカド型のチョコレートは、妹さんが弁護士に合格したお祝いに。左下：パッションフルーツとフランボワーズのエクレア。中下：カシス＆ヴァイオレットとピスタチオ＆グリオット・チェリーのサントノレ。右下：アプリコットのジュレが入ったサヴァラン。

上：インテリアは、クレールさんとデザイナーのヤン・ペノーズさんで話し合いながら作りあげたもの。左下：本棚のような形のディスプレイ棚に、焼きたてのパンを並べて。パンに使う小麦粉は、有機栽培のもの。右中：バターが香るブリオッシュとパン・オ・レザン。右下：季節のコンフィチュールは、ソースのようなやわらかさ。クレールさんも毎朝食べるという自信作。

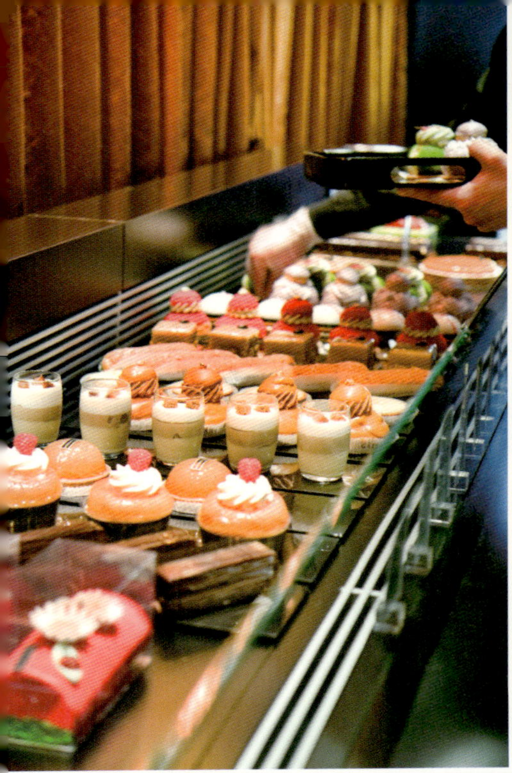

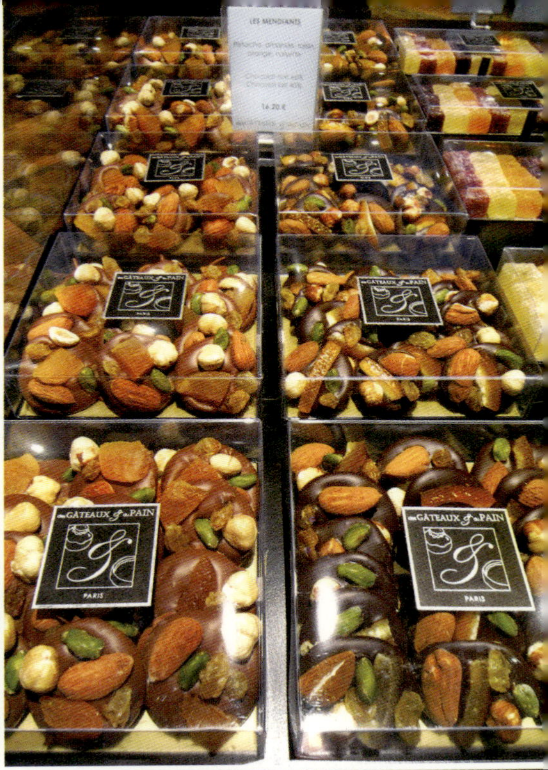

LES MENDIANTS
GÂTEAUX & PAIN
PARIS

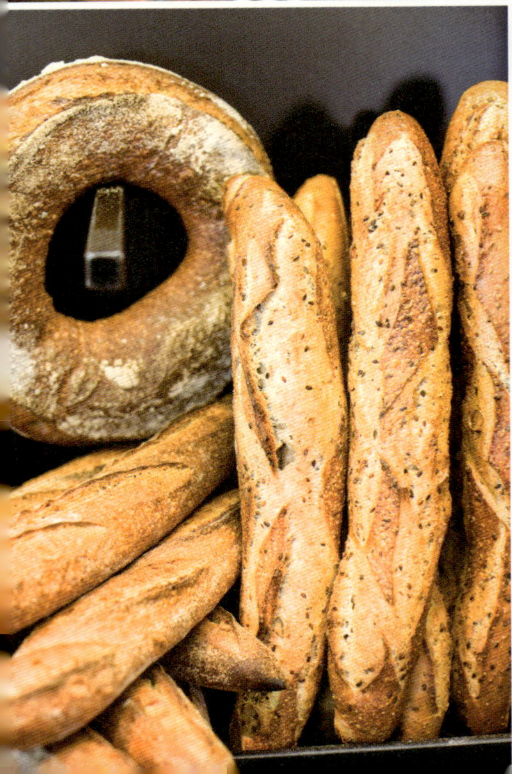

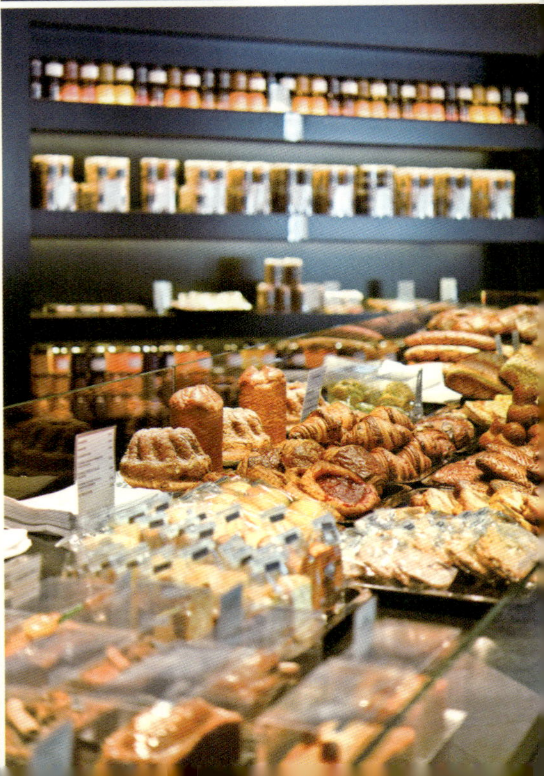

Stohrer
ストレー

51, rue Montorgueil 75002 Paris　tél : 01 42 33 38 20　métro : Sentier, Etienne Marcel
ouverture : 月-日 7:30〜20:30　www.stohrer.fr

宮廷で愛された味と出会える、老舗パティスリー

モントルグイユ通りは、八百屋さんにチーズ屋さんなど食品を扱うお店が並ぶ、グルメな通り。1730年からこの通りにある「ストレー」は、パリでいちばん古いパティスリーといわれるお店です。ポーランド王でロレーヌ公国の王でもあったスタニスワフ・レシチニスキの娘マリーが、ルイ15世に嫁いだときに、一緒にパリへやってきたのがパティシエのニコラ・ストレー。スタニスワフのために、ストレーが作ったお菓子が「ババ」のはじまりと言われています。スタンダードなババ・オ・ラム、そしてレーズン入りカスタードクリームを入れたアリババをはじめ、19世紀に生まれたピュイ・ダムールなど、パリのお菓子の歴史を感じる伝統の味を引き継ぐお店です。

左上：生クリームを飾ったババ・シャンティイと、ラム酒たっぷりのババ・オ・ラム。左中：エクレアはパリの新聞「フィガロ」で3位に選ばれたことも。右上：パリのオペラ座のロビーも手がけた画家、ポール・ボドリーによるインテリアは、歴史的建造物として指定されています。左下：ショーケースに並ぶケーキ。右下：サラダやテリーヌ、キッシュなどおいしそうなお惣菜もたくさん。

Laurent Duchêne

ローラン・デュシェーヌ

2, rue Wurtz 75013 Paris　tél : 01 45 65 00 77　métro : Glacière
ouverture : 月-土 7:30~20:00　www.laurent-duchene.com

パンの香りと美しいケーキは、しあわせのシンボル

13区ののんびりした住宅街の中にある「ローラン・デュシェーヌ」は、お菓子だけでなくパンもおいしいパティスリー。「グルマンは香りが大切」と考えるパティシエのローランさんにとって、パンもお菓子と同じく欠かせないもの。たしかに、お店の中いっぱいに焼きたてのパンの香りが広がると、しあわせな気分になってしまいます。パティシエのローランさんは「ミエ」や「ペルティエ」などで経験を積んだほか、「ル・コルドン・ブルー」で教授を務め、MOFも取得した実力の持ち主。クラシックなレシピをベースに、モダンな要素をちょっとだけプラスしたお菓子は、シンプルなおいしさが際立ちます。デリケートでソフトな味わいは、ローランさんのやさしさそのものです。

上：外観のフレスコ画は、1920年代からパン屋さんだった店舗の面影を残すもの。中：ケーキに使う果物はフレッシュなものを手に入れるため、パリの卸し市場ランジスで自ら選びます。左下：抹茶の季節に合わせて作ったグラスデザート。中下：マンゴーとパッションフルーツ、ココナッツがエキゾチックな味わいを加えるチョコレートケーキ「パッショナータ。」右下：お菓子が引き合わせたローランさんとキョウコさん。

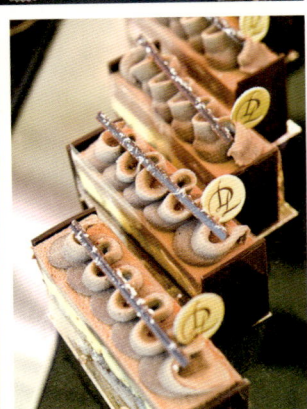

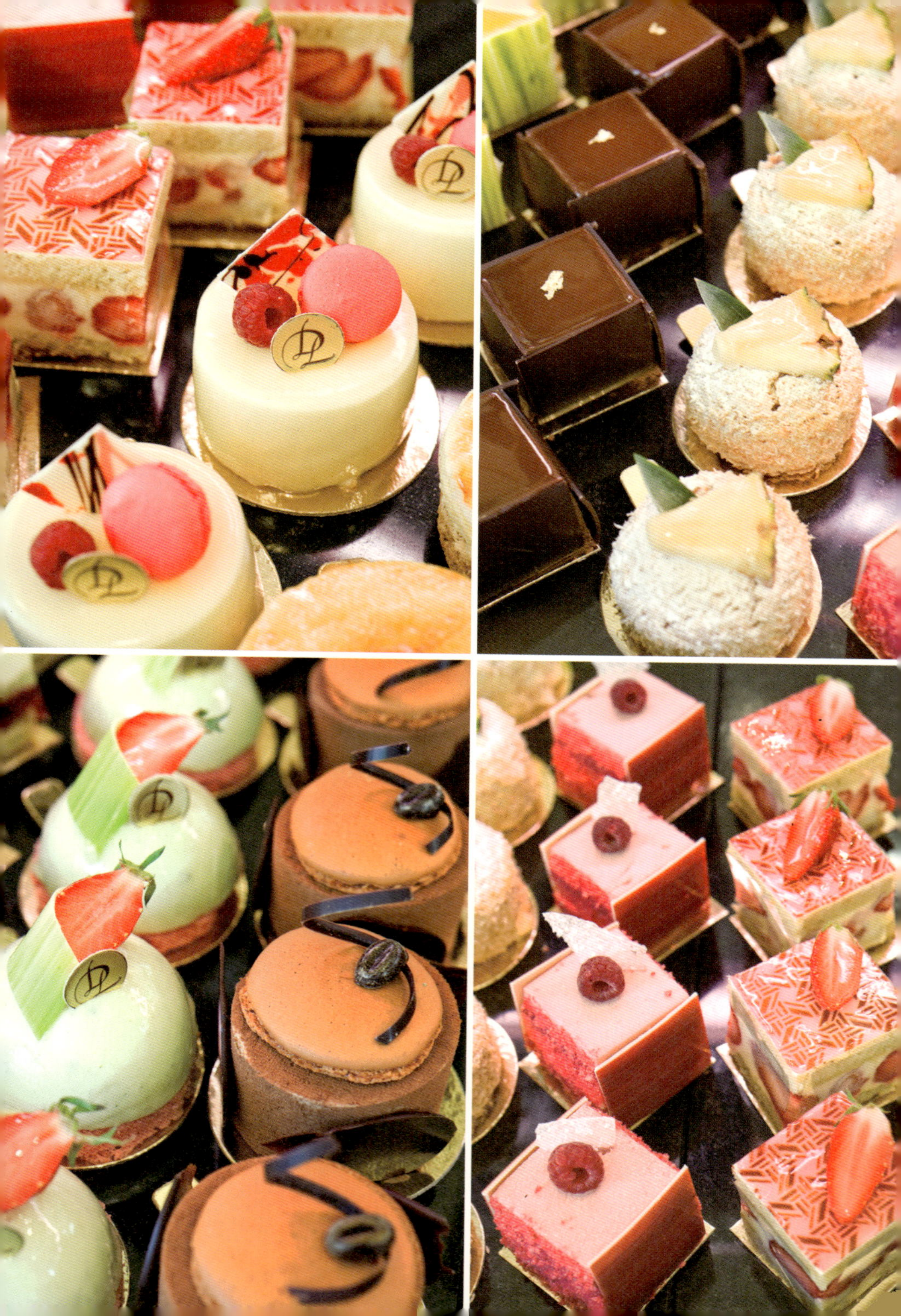

上:花の模様が愛らしいタイル貼りの店内。ショーケースにはケーキのほかに、キッシュなどの軽食、ヴィエノワズリーが並びます。左下:壁面にはバゲットやカンパーニュなどのパンを並べて。毎日喜んで食べてもらえるようにと、パンもすべてお店で作っています。右中:さっくりとした層のおいしさを楽しめるパン・オ・ショコラ。右下:焼き色も美しいヴィエノワズリー。

Atelier

お店に並ぶすべてのケーキやパンは、ショップ裏にあるアトリエで作られています。1階にあるので太陽の光がたっぷり入ってきて、朝早くからアトリエに入る職人さんたちにもうれしい空間。ローランさんも、この明るいアトリエをとても気に入っています。

Joyeux anniversaire Jacques

Daubos

ドボス

35, rue Royale - Quartier Saint Louis 78000 Versailles tél : 01 39 50 54 97 RER-C : Versailles Rive Gauche
ouverture : 火-金 9:00～19:30, 土 8:30～19:30, 日 8:30～18:00 www.chocolatsdaubos.com

ボルドーの味をそのままに、風味豊かなカヌレ

パリからRER線でおよそ45分、ヴェルサイユにあるパティスリー「ドボス」。お店があるロワイヤル通りは、ヴェルサイユ宮殿の裏手で、静かな住宅街の一角。パティシエのフランク・ドボスさんは、ボルドー地方バルサック・ソーテルヌの出身。ボルドーでいちばんのお菓子屋さんで修行をしたフランクさんのスペシャリテは、地方菓子としても有名なカヌレ。そのときに教えてもらったレシピをいまも忠実に守っているというカヌレは、外はぱりっと香ばしく、中はふっくらと、絶妙な焼き上がりです。ナチュラルとチョコレート生地のカヌレのほかに、チョコレートでコーティングしたカヌレの3種類があります。パリから少し足をのばして味わいたい、特別なおいしさです。

Carte Postale

（あて先）
〒150-0001
東京都渋谷区神宮前3-5-6
ジュウ・ドゥ・ポウム 行
edition Paumes Japan

フリガナ

お名前

〒
ご住所

メールアドレス　　　　　　　　　　＠

ご職業

年齢　　　　歳　　　性別　　☐ woman　　☐ man

お電話番号

アンケートにご協力いただいた方の中から抽選で毎月3名様に、ジュウ・ドゥ・ポウムのオリジナルポストカードセット（5枚組/セットの内容はお楽しみに）をプレゼント！当選者の発表は発送をもってかえさせていただきます。

大変恐縮ですが
50円切手を
お貼り下さい。

Pâtisseries à Paris

ジュヌ・ドゥ・ポゥム

この度は『パリのお菓子屋さん』をお買い上げいただき、誠にありがとうございます。今後の編集の参考にさせていただきますので、右記の質問にお答えくださいますようお願いいたします。

なお、ご記入いただいた項目のうち、個人情報に該当するものは新刊のご案内・商品当選の発送以外の目的には使用いたしません。

メールアドレスを記入いただいた方には、ジュヌ・ドゥ・ポゥムよより新刊書籍のご案内などの情報をお送りしたいと思っております。必要でない方は、こちらの欄にチェックをお願いします。

□ 情報は不要です

1. 本書を何でお知りになりましたか?
   □ 雑誌(　　　　　　) □ ホームページ(　　　　　　) □ 店頭
   □ その他(　　　　　　)

2. 本書をお買い上げいただいた店名をお教えください。
   市町村名　　　　　　　店名

3. 本書をお買い上げいただいたきっかけを下記の項目からひとつだけお選びください。
   □ パリに興味　□ お菓子に興味　□ パリを訪れる予定がある　□ 写真にひかれて
   □ 装丁・デザインにひかれて　□ その他(　　　　　　)

4. 本書に関するご意見、ご感想をお聞かせください。

5. 現在、あなたが興味のある物事や人物などについて教えてください。

http://www.paumes.com

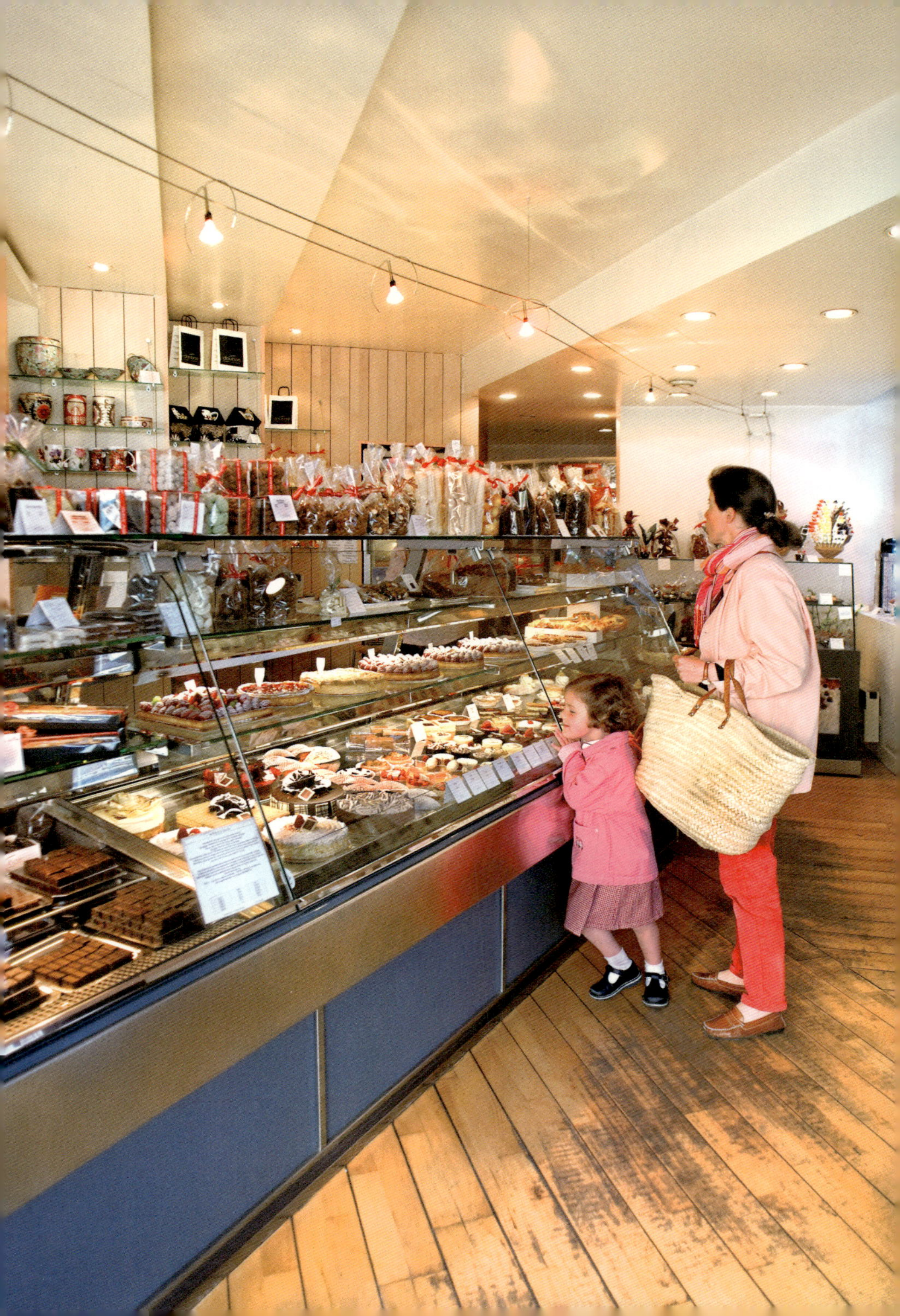

左上：お店があるカルチエは、ルイ15世が作ったサンルイ方形広場と呼ばれるショッピングセンターだった場所。右上：やさしい笑顔のフランクさん。たくさんの若いパティシエを育てています。右中：お店の前の通りを描いていた人から、譲ってもらった絵画。左下：フルーツのピュレを使ったパート・ド・フリュイ。右下：生産者の顔が見えるものを選んでいるフランクさん。シードルも知り合った生産者から。

左上：オーガニックの素材も取り入れたケーキ。右上：3種のチョコレートムースを層にした「マルタン」はアトリエで一緒に働く息子さんの名前から。左中：ショコラティエとしても人気のフランクさんが手がけるチョコレート。左下：フランクさんが修行したボルドー地方のパティスリーのパティシエは、もともとアルザス出身。彼が作るアルザス菓子クグロフのレシピも引き継ぎました。

Pierre Hermé
ピエール・エルメ

185, rue de Vaugirard 75015 Paris tél : 01 47 83 89 96   métro : Pasteur
ouverture : 火水 10:00〜19:00、木-土 10:00〜19:30、日 10:00〜18:00

72, rue Bonaparte 75006 Paris tél : 01 43 54 47 77   métro : St Germain des Près
ouverture : 月-金 10:00〜19:00、土 10:00〜19:30   www.pierreherme.com

サプライズと喜びと、新しい発見に満ちたお菓子

パリを代表する、そして世界から注目されるパティシエ、ピエール・エルメさん。20世紀のパティシエの巨匠ガストン・ルノートルさんのもとで学び、「フォション」「ラデュレ」で経験を積んだ後に、「ピエール・エルメ」の最初のブティックを東京にオープンしました。その後パリでは2店舗のほかに、マカロンとチョコレートの専門店を開き、食べた人に驚きと喜びを与える新しいお菓子を生み続けています。「固定観念にとらわれず、感覚に従ってお菓子を作りたい」と語るピエールさん。五感に語りかけるようなお菓子は、いままで想像もしなかった発見にあふれるものばかり。地下にアトリエがあるパリ15区のヴォージラール店では、できたてのフレッシュなお菓子が楽しめます。

左上：ウィーン風コーヒーから生まれた「タルト・アンフィニモン・カフェ」。中上：「ラ・スリーズ・シュール・ガトー」は、ピエールさんのエスプリを感じさせる代表作。背の高い円柱形を水平に切り分けるというスタイル、ミルク・チョコレートをベースにした味わいが新鮮。右上：バラとライチとフランボワーズの組み合わせが華やかな気分にさせてくれる「イスパハン」。中&下：広々として、明るいヴォージラール店。

左上：ピンクと白が交互に並んだキュートなマカロン・タワー。右上：イラストレーターのソルダッド・ブラヴィが手がけたマカロン・ボックス。左下：ドア正面のピンクのショーケースには、左手にマカロン、右手にケーキがずらりと並びます。右中：豊かな香りがすばらしい、ピエールさんのボンボン・ショコラ。右下：アルザス生まれのピエールさんが手がける地方のお菓子、クグロフ。

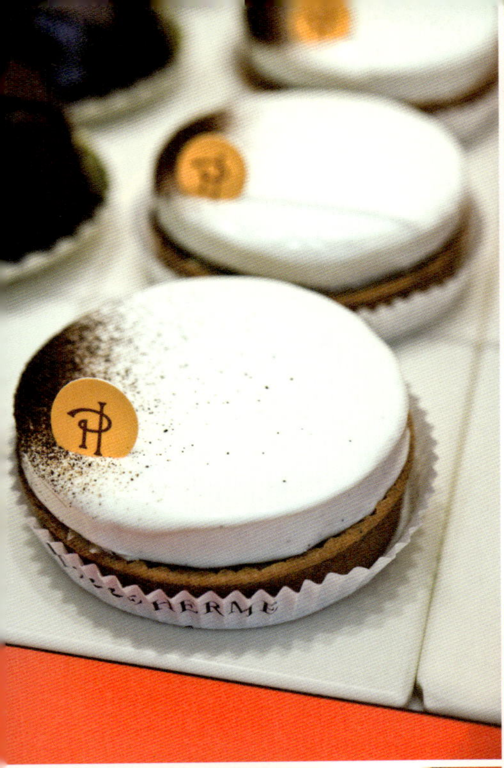
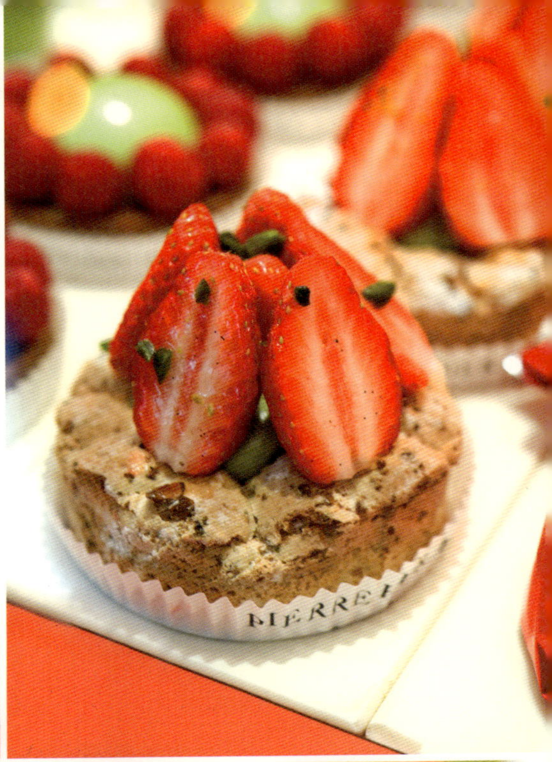
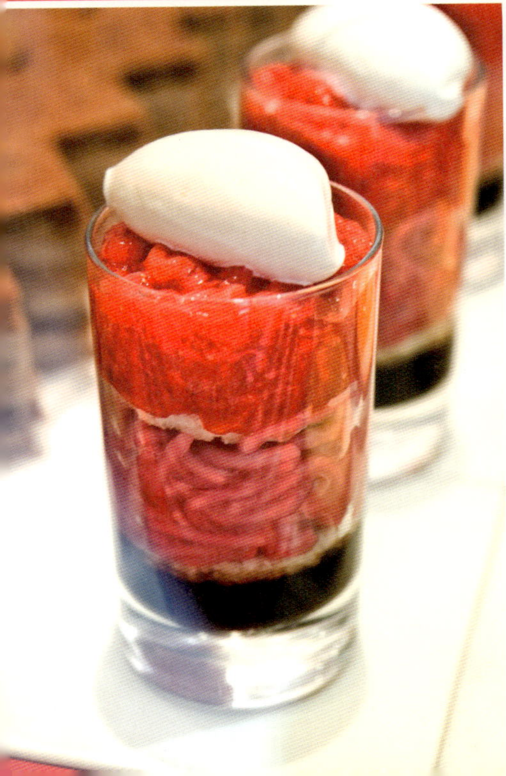
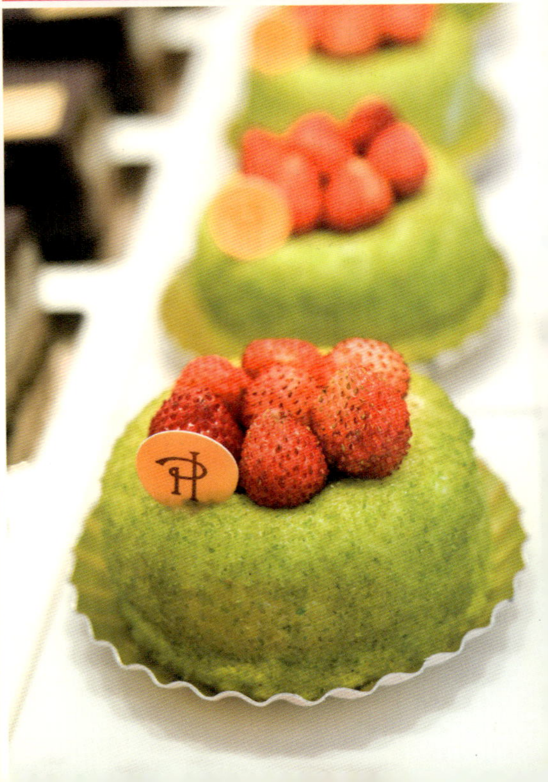

Blé Sucré

ブレ・シュクレ

7, rue Antoine Vollon 75012 Paris　tél : 01 43 40 77 73　métro : Ledru Rollin
ouverture : 火-土 7:00~19:30, 日 7:00~13:30

お菓子にパン、シンプルなおいしさ引き立つ小麦の恵み

バスティーユのお隣、ルドゥル・ロランは親しみやすい雰囲気のカルチエ。新鮮な食材を求める人々でにぎわうアリーグル広場のマルシェをはじめ、おいしい食べ物のお店が集まる、この界隈でも人気のパティスリーが「ブレ・シュクレ」です。店名は「甘い小麦」という意味。パンとお菓子を出すという意味と同時に、お菓子のベースである小麦を大事にしているからとい う、パティシエのファブリス・ル・ブルダさん。「プラザ・アテネ」や「ル・ブリストル」などのホテルでパティシエを務めた彼が、近所に暮らす人たちに愛されるお菓子を作っていきたいとオープンしたお店です。伝統的なお菓子をていねいに作っているので、ケーキはもちろん、サブレやマドレーヌなどの焼き菓子もおすすめ。

上：朝はヴィエノワズリー、昼はサンドイッチ、午後はケーキとともに、くつろぐことができるテラス席。小さな公園、トルソー・スクエアが目の前に広がって、心を和ませてくれます。左中：パイ生地が香ばしいショソン・オ・ポムとアーモンドのパイ。左下：キャラメルとフランボワーズが水玉のようで愛らしいパン。右下：マダムのセリーヌさんと。あたたかい笑顔が、お店を明るくします。

左上:ドアを入って正面のショーケースに並ぶ、見た目も美しいケーキ。右上:ふんわりとした、やわらかさを楽しみたいマシュマロ。左中:お花の飾りがかわいらしいタルト。左下:ファブリスさんのお気に入りはババ・オ・ラム。ラム酒シロップと甘さひかえめのクリームが溶けあうハーモニーがすばらしい！右下:さっくりした焼き上がりのパン・オ・ショコラとクロワッサンは人気の品。

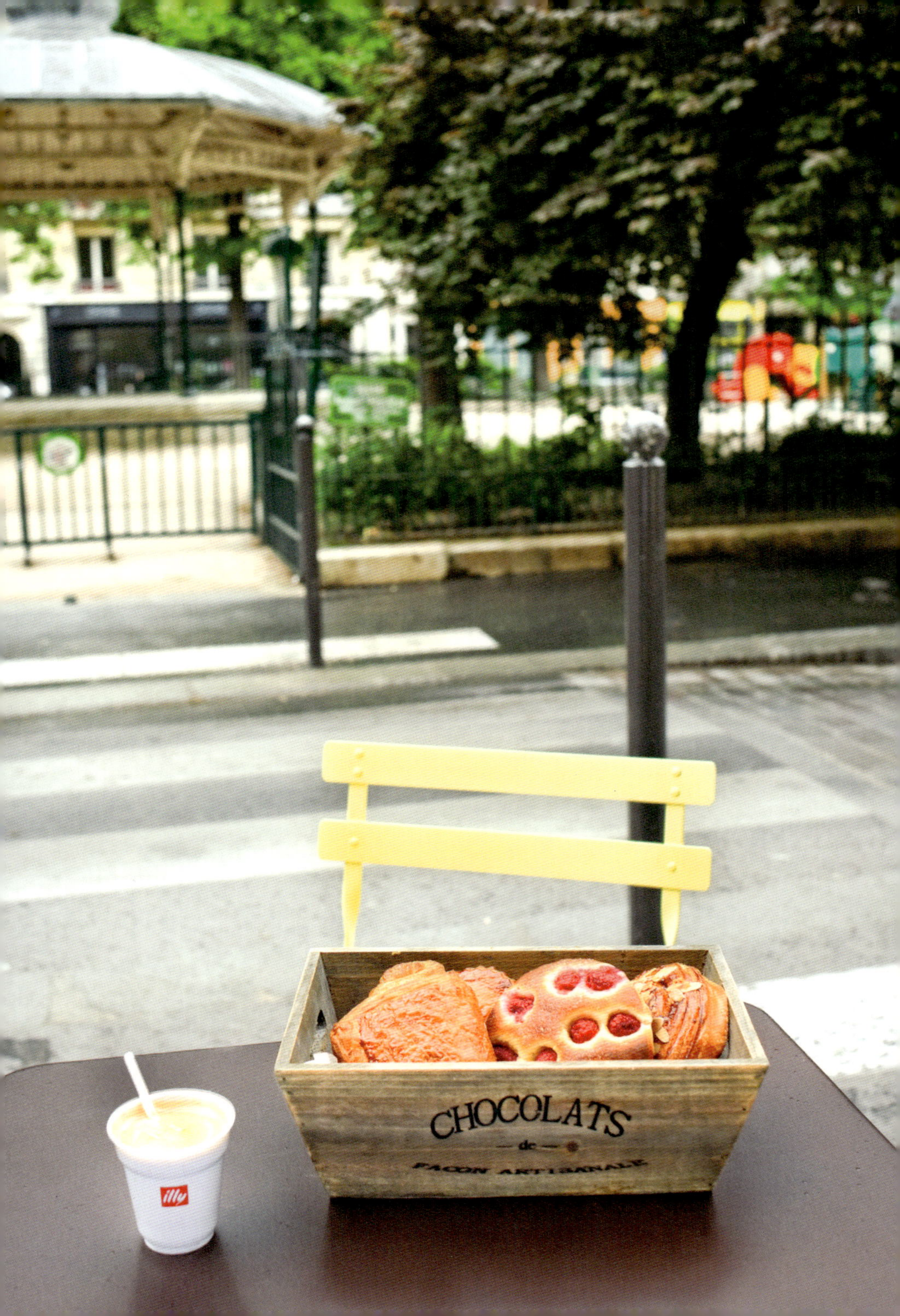
CHOCOLATS
de
FAÇON ARTISANALE
illy

Rose Bakery

ローズ・ベーカリー

46, rue des Martyrs 75009 Paris tél : 01 42 82 12 80
métro : Pigalle, Notre Dame de Lorette ouverture : 火-土 8:00~20:00, 日 10:00~17:00

オーガニックで身体にやさしい、イギリスお菓子

モンマルトルの丘へと続くマルティル通りは、雑貨屋さんや古着屋さんなど小さなお店が並ぶ、ショッピングにも楽しい場所。この坂道にある「ローズ・ベーカリー」は、オーガニックの食材やお菓子が並ぶイギリス風のデリカテッセン。アーチ型のドアを入ると、右手にカウンターがあり、サラダやパスタなどのお惣菜とともに、量り売りのフルーツケーキやブラウニーなどのお菓子がずらり。店内奥はサロンになっていて、お茶の時間はもちろん、旬の素材を使ったサラダやリゾットなどランチも楽しめます。パリではめずらしい野菜を使ったキャロットケーキはイギリスならではのお菓子。有機栽培のにんじんを使った自然な甘みは、どこかなつかしい味わいです。

上:「ベーカリーの中のカフェ」をコンセプトにした、シンプルな店内。カウンターにはオーガニックの素材を主役にしたお惣菜とお菓子が並びます。
中:赤と緑と白、色どりも美しいピザ。
左下:バナナとラズベリーのマフィン。
中下:フレッシュな甘みと酸味も感じるフルーツ・サラダ。右下:さわやかなクリームチーズのアイシングが、帽子をかぶったように愛らしいキャロットケーキ。

Le Dali

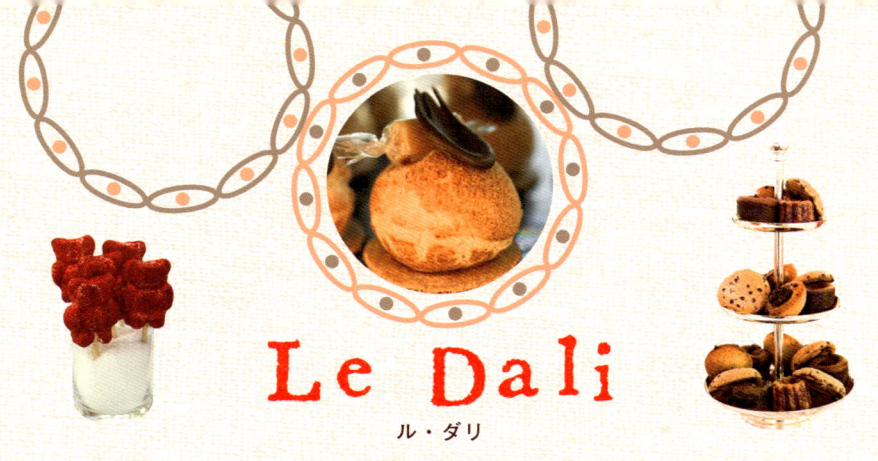

ル・ダリ

Le Meurice / 228, rue de Rivoli 75001 Paris　tél : 01 44 58 10 44　métro : Tuileries
tea time : 15:30〜18:30　www.meuricehotel.fr

クリエイティブなサロンで味わう、四季のデザート

チュイルリー公園が目の前に広がるホテル「ル・ムーリス」の1階にある、サロン・ド・テ「ル・ダリ」。インテリアを手がけたのは、フィリップ・スタルクさん。このホテルを定宿にしていたサルバドール・ダリのシュールな世界観がモチーフになった、シックさの中にも個性が光る空間です。季節のマカロンや、チョコレートクリームのミルフィーユなど、ティータイムに味わえるお菓子を手がけるのは、2005年に25歳の若さでシェフ・パティシエとなったカミーユ・ルセックさん。「四季の移り変わりを意識したデザートづくりを心がけている」というカミーユさん。そのフレッシュな感性から生み出される、季節ごとの新しいメニューは、ティータイムを素敵にいろどります。

上：大理石の天板にクリスタルの脚の「バカラ」製テーブルに、美しく飾られたお菓子たち。ティータイムには、好きなお菓子を取り分けて、楽しむことができます。左下：小さなサイズのタルトの種類もさまざま。右中：抹茶味のクリームの中に、グレープフルーツのコンフィがアクセントになった「デトックス・マカロン」。右下：かわいらしいハート型のパイ、ミニ・パルミエ。

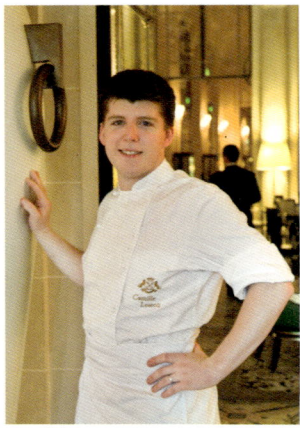

左上：スタルクの娘アラさんが手がけた天井装飾は、シャガールによるオペラ座の天井画にインスピレーションを得たもの。右上：カミーユさんをお菓子の世界に導いたのは、パティシエだったおじさん。4歳のころから手伝っていたのだそう。中中：表紙にダリが描かれたメニュー。左下：カミーユさん自らセレクトしてくれたお菓子。右下＆右ページ：ティータイム・セットを並べた席のイスは、ダリのデザイン。

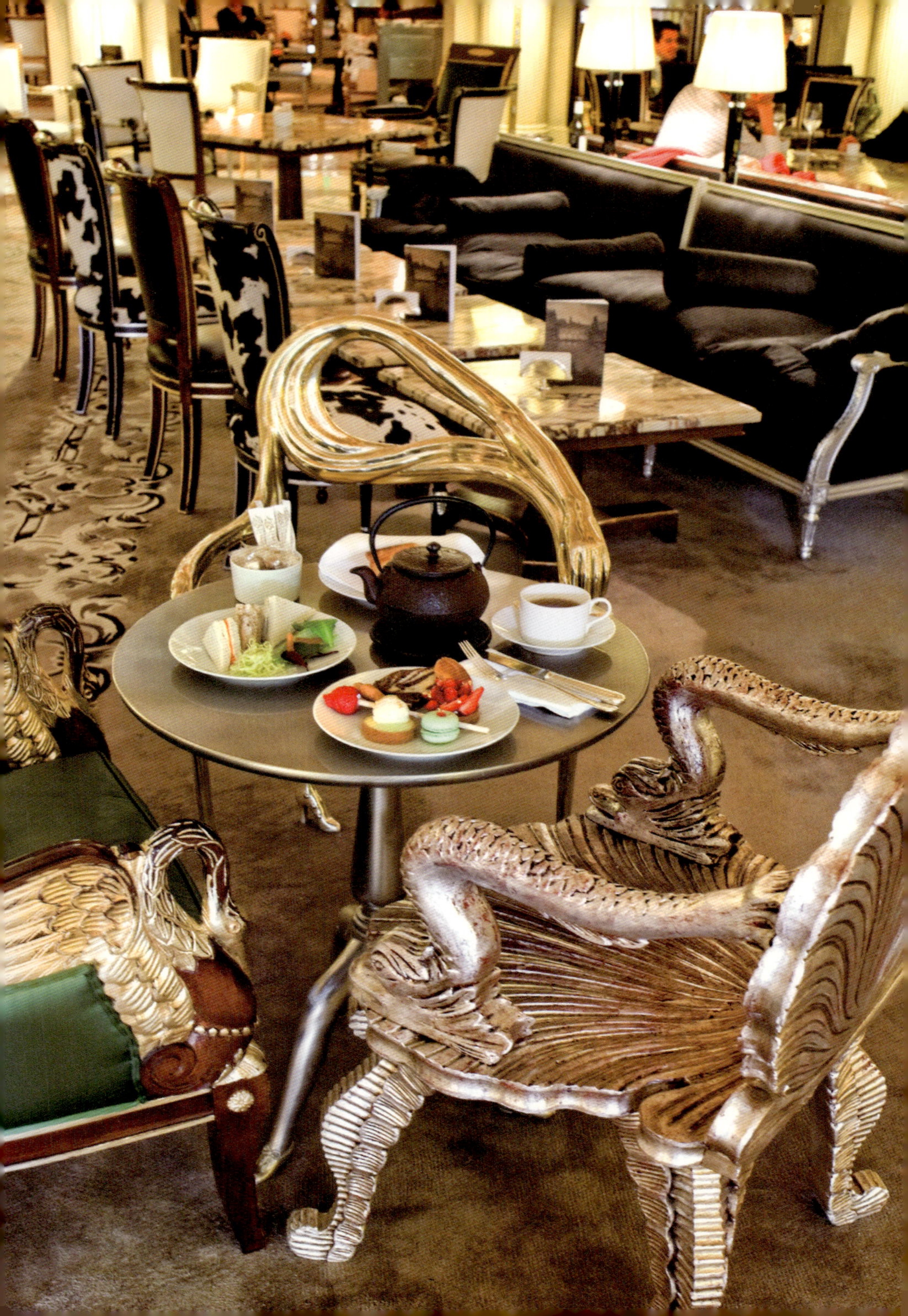

Le Bar du Bristol

ル・バー・デュ・ブリストル

Hôtel le Bristol / 112, rue du Faubourg Saint Honoré 75008 Paris　tél : 01 53 43 43 42
métro : Miromesnil　tea time : 15:00〜18:00　www.hotel-bristol.com

ゆったりとした時が流れる、アフタヌーン・ティー

フランス大統領が暮らすエリゼ宮のそば、老舗の高級ブティックやジュエリー店が建ち並ぶ、フォーブル・サントノレ通りにある「ル・ブリストル」。アットホームな心配りと行き届いたサービスで、アメリカの旅行誌でフランス一に輝いたこともある、すばらしいホテルです。1階にあるサロン・ド・テは、にぎやかなパリ中心地と思えない、ゆったりした時間が流れる落ち着いた空間。パリでも自慢の広さを持つ、手入れの行き届いた中庭を眺めることができます。このサロンで出されるローラン・ジャナンさんによるお菓子は、味わいと香りと食感、そのすべてにバランスがとれていて、口の中でふわっと広がるよう。ホテルのサロンで過ごす時間にふさわしい、軽やかでエレガントなお菓子です。

左上：夏には、中庭でもアフタヌーン・ティーを楽しむことができるほか、アイスクリームのワゴンも出るのだそう。右上：「お菓子を食べる人に、サプライズと喜びを与えたい」というローランさん。左中：フランボワーズのクリーム入りのルリジューズ。口の中に入れるとライムの香りが広がって、さわやかな風味。左下：フルーツ・コンフィが入ったケーキはしっとり。右下：焼き菓子が並ぶワゴン。

上：シャンデリアにソファー、上質な家具に囲まれたサロンで、気分も華やかに。左中：レモングラス風味のクレームブリュレが中心に入っているコーヒータルト。左下：ブルガステル産のいちごを使ったタルトと、さわやかな味わいのレモンタルト。右下：ケーキなどフレッシュなお菓子が並ぶワゴン。右ページ：アフタヌーン・ティーのお菓子とサンドイッチは、3段重ねのケーキスタンドに。

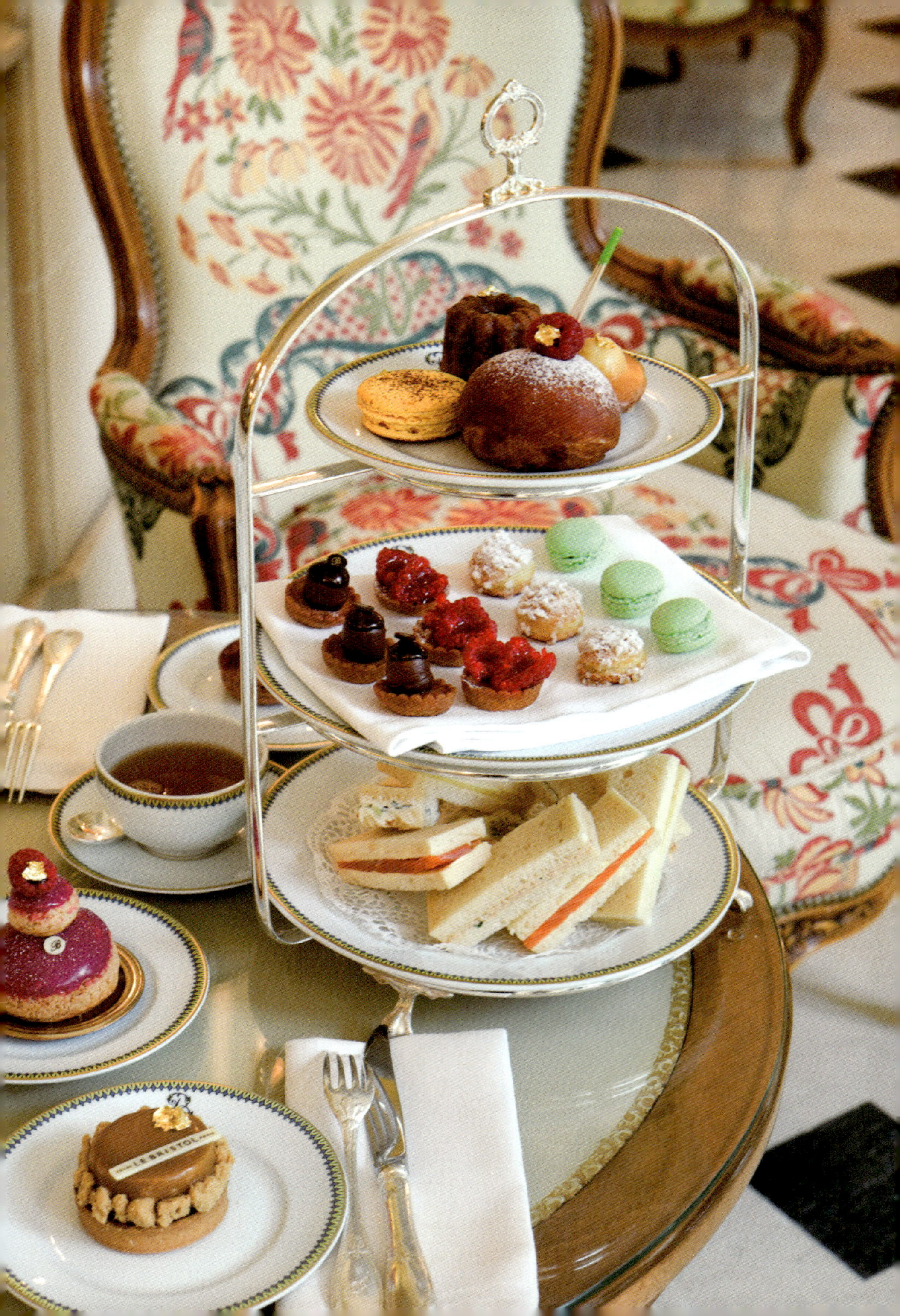
LE BRISTOL

La Galerie de Gobelins

ラ・ギャルリー・ドゥ・ゴブラン

Hôtel Plaza Athénée / 25, avenue Montaigne 75008 Paris   tél : 01 53 67 66 00
métro : Alma Marceau   tea time : 15:00～19:00   www.plaza-athenee-paris.fr

華やかな味わいは、女性をうっとりさせるドレスのよう

モードの高級ブティックが建ち並ぶ、シックなモンテーニュ大通り。あざやかな赤のシェードが目をひく白亜の建物が、格調高い優雅なホテル「プラザ・アテネ」です。その1階にある「ラ・ギャルリー・ドゥ・ゴブラン」は、中庭に面した廊下に設けられたサロン・ド・テ。ソファーに腰かけると、お菓子が並ぶワゴンがうやうやしく運ばれてきます。このお菓子を手がけるクリストフ・ミシャラクさんは、パティシエの最高権威ともいわれる世界的コンクール「クープ・ドゥ・モンド」でフランスを優勝に導いた実力の持ち主。クリストフさんにとって、美とおいしさは分かちがたいもの。クチュリエがドレスを作るように、見た目は華やか、味わいは繊細なお菓子を生み出しています。

左上:円筒型のケースには美しいケーキが、その下の段には焼き菓子が並んで。右上:ココナッツのムースに、カシスのジュレをしのばせた「ココ・カシス」。右中:いちごとライチの組み合わせ「レッド・パワー」。左下:かわいらしいクマさんが抱えるブラック・チョコレートの中には、ヴァイオレット風味のババロアといちごのコンフィ。右下:アプリコットのコンポート入りキャラメルムース「プチ・ナヴィル」。

左上：しっとりとした照明の中、通路を挟んだ両脇にテーブルが並ぶサロン。右上：シルバーのポットでサービスされるお茶は、セイロン・ティー、中国茶、緑茶など。オリジナルのプラザ・ブレンドもおすすめ。右中：チョコレートとレモングラスのクリームの組み合わせ「ル・サヴール」。左下＆中下＆右下：エントランスのショーケースを飾るのは、クリストフさんのクリエーションへの喜びが伝わるお菓子の数々。

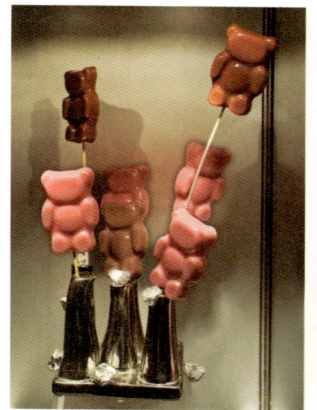

Atelier

地下にあるアトリエで働くスタッフは20人ほど。仕事のあいまには、みんなで新しいメニューの試作をすることも。クリエーションへの緊張感や集中力とともに、クリストフさんを中心にスクラムを組むチームワークのよさが感じられました。

A la Mère de Famille

ア・ラ・メール・ドゥ・ファミーユ

35, rue du Faubourg Montmartre 75009 Paris　tél : 01 47 70 83 69　métro : Le Peltier, Grands Boulevards
ouverture : 月-土 10:00〜19:00　www.lameredefamille.com

甘い香りに包まれる、昔ながらのパリのお菓子屋さん

深いグリーンのファサードに美しいデザインのゴールドの文字、趣きある建物の「ア・ラ・メール・ドゥ・ファミーユ」は、1761年創業という長い歴史を持つお店です。チョコレート、キャラメル、キャンディーと、さまざまな種類のお菓子が並ぶ店内は、大人も子どもも思わず笑顔になってしまう空間。「お母さんに」を意味するあたたかい店名のように、創業当時から家族経営だったこのお店は、いまドルフィ家のお父さんと子どもたちで経営されています。「すばらしい伝統を持つこのお店やフランスの地方のお菓子を守りながら、現代の新しい技術やモダンな感覚もミックスしていきたい」という長男のスティーヴさん。ちょっとスパイシーで甘い香りに誘われて、あれこれと試したくなるお店です。

左上：1900年ごろに使われていたジャムのボトルを手にしたスティーヴさん。左中：マジパンでできた、ファニーな表情のフルーツたち。右上：昔ながらのレジ・コーナー。左下：薄い円形のチョコレートに、キャラメルやフランボワーズなどのガナッシュをサンドした「パレ・モンマルトル」。右下：ビアリッツにあるアトリエで作られるオリジナルのカリソンは、8種類のフレーバーがあります。

上：ボンボン・ショコラが入る大きなカウンターの後ろの棚にも、きれいなキャンディーなどが並ぶので、隅々まで見逃さないで。左下：ドライフルーツの名前を記したプレートが貼られた、ノスタルジックな木製のショーケース。右中：パッケージなどに使われているイラストは、お母さんとドルフィ家の子どもたちを描いたもの。右下：かわいらしい缶のキャンディーは、おみやげにぴったり。

PRUNES FRANÇAISES NOUVELLES

FRUITS CONFITS ET FRUITS SECS POUR COMPOTES

MALAGA
PISTOLES
FIGUES
MENDIANTS
DATTES
AMANDES
NONETTES

A l'Etoile d'Or

ア・レトワール・ドール

30, rue Fontaine 75009 Paris　tél : 01 48 74 59 55　métro : Blanche
ouverture : 月 14:30～20:00, 火-土 10:30～20:00

楽しいおしゃべりと、とっておきのフランス菓子

ムーラン・ルージュのほど近く「ア・レトワール・ドール」は、三つ編みのヘアスタイルに、タータンチェックのスカートとネクタイがトレードマークのドゥニーズ・アカボさんのお店。1904年からコンフィズリーだったという店内には、ドゥニーズさん自らフランス各地をめぐって出会ったお菓子が集められています。「おいしいものは地元の人に聞くのがいちばん」というドゥニーズさん。その地方でしか味わえなかったお菓子を、職人さんのもとへ何度も足を運んで説得し、特別に並べられるようになったものもあるのだそう。そんな自ら夢中になったお菓子を、お客さんの好みにあわせておすすめしてくれるドゥニーズさん。楽しいおしゃべりは、お菓子をさらに味わい深いものにしてくれます。

上：お店の前でポーズしてくれたドゥニーズさん。トレードマークのファッションは、寄宿学校に通っていたころからお気に入りのスタイル。キルトスカートは何十枚も持っているのだそう。左下：美しいモザイク・タイルの床とオーク材の家具。右中：かたつむりの形のチョコレートは、首元に赤いリボンが愛らしく巻かれて。右下：ブルターニュ地方キブロンで作られる、アンリ・ルルーさんのキャラメル。

上：古きよき時代を思い出させてくれる、鏡張りの美しい店内は、まるでフランス菓子の博物館のよう。
左中：結婚式やお祝いの席に欠かせない、パステルカラーの「ドラジェ」。左下：ブルゴーニュ地方の「ネギュス」と、オーベルニュ地方のキャンディー。クラシックなデザインの缶は、おみやげにしても。
右下：レースがふちどるクロスをかけた棚に並ぶのは、キャラメルクリームやコンフィチュール。

左上：お菓子と職人さんたち、そしてお客さんとのおしゃべりが好きという、チャーミングなドゥニーズさん。右上：ブルゴーニュのフラヴィニー村で作られるアニス風味のキャンディ。左下：ショーケースの中には、フランス各地から選りすぐったボンボン・ショコラが並びます。右中：1870年代の版画をもとにデザインしたオリジナルのラッピング紙。右下：リヨンのショコラティエ「ベルナション」のチョコレート。

La Maison du Chocolat

ラ・メゾン・デュ・ショコラ

225, rue du Faubourg Saint Honoré 75008 Paris tél : 01 42 27 39 44 métro : Ternes
ouverture : 月-土 10:00〜19:30, 日 10:00〜13:00 www.lamaisonduchocolat.com

チョコレートに閉じこめられた、出会いの感動

チョコレートに創造性を加え、フランスの文化のひとつまでにした、ロベール・ランクスさんが立ち上げたショコラトリーが「ラ・メゾン・デュ・ショコラ」です。フォブール・サントノレ通りにある本店は、創業30周年を迎えた2007年にリニューアル。お客さんが自由にお菓子を選べるようカウンターが中央に集められ、窓辺には小さなバーも作られました。この記念すべき年にロベールさんからクリエイティブ・ディレクターを任せられたのが、ジル・マルシャルさん。食材店をめぐったり、世界中を旅したり、さまざまな文化に触れることが彼のインスピレーション・ソース。そんな出会いの感動が閉じこめられたチョコレートは豊かな風味が感じられる、まさに作品といえる一粒です。

左ページ：ジルさんもおすすめのエクレアは定番のショコラ、カフェ、キャラメルのほかに、季節のメニューも。
左上：チョコレート色をした外観が目印。**中**：塩味のきいたサブレにゲランド産キャラメルクリームをのせた「タルト・リゴレット」。**左下**：ラム酒の香るコーヒー風味の「ブラジリアン」。
中下：フランボワーズが甘酸っぱい「サルヴァドール」。
右下：次々と新作が発表されるボンボン・ショコラ。

左上：中央にあるカウンターにはチョコレート、入り口近くのショーケースにはマカロンやケーキが並びます。右上：「プラザ・アテネ」「ル・ブリストル」とさまざまなホテルでパティシエとして経験を積んできたジルさん。右中：カカオの香りが体中を満たすようなショコラ・ショー。左下：カップのアイスクリームも。右下：キルシュ風味、ラム酒風味のムースが包まれたチョコレート。

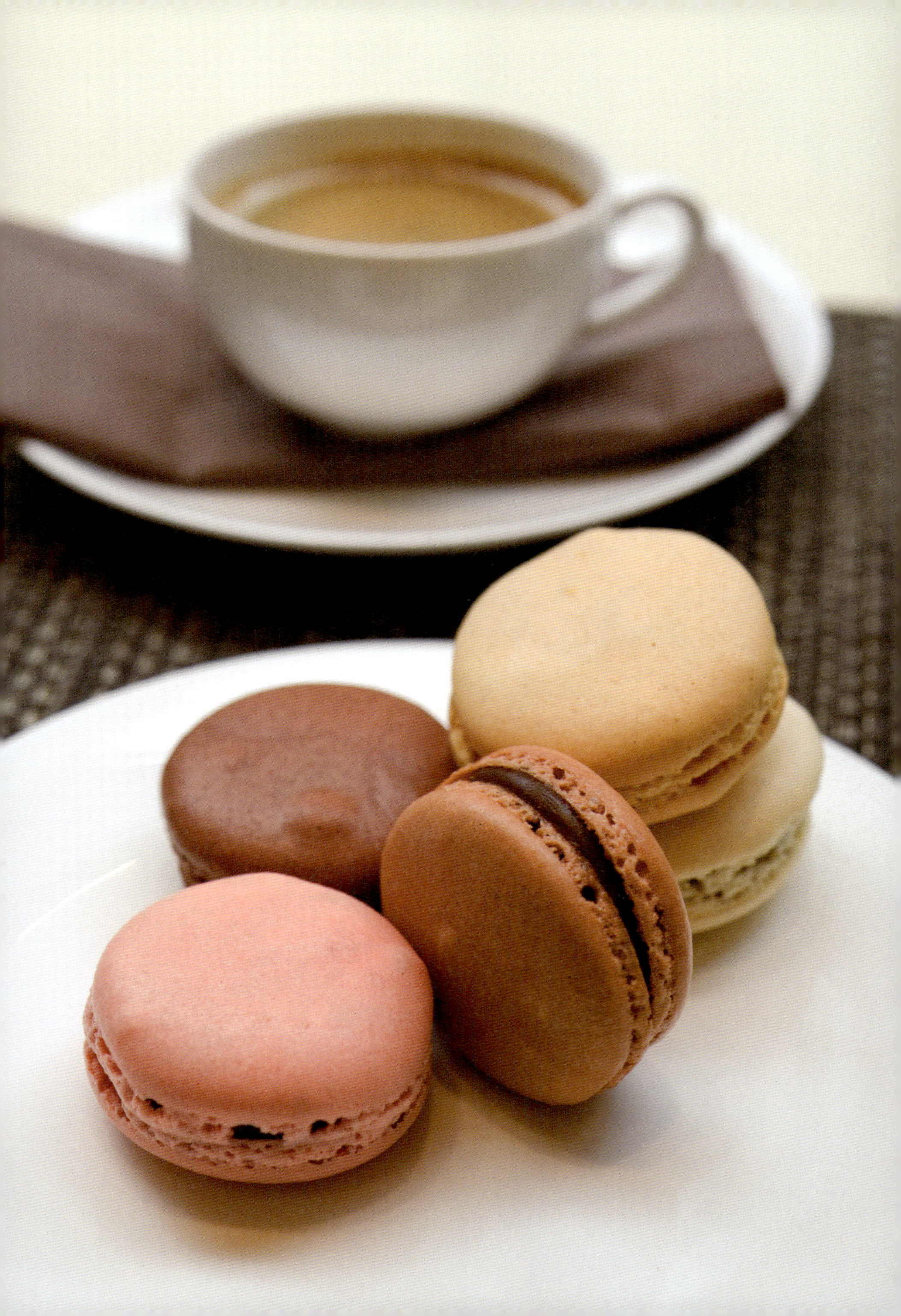

Jacques Genin
Fondeur en Chocolat

ジャック・ジュナン　フォンダー・アン・ショコラ

133, rue de Turenne 75003 Paris　tél : 01 45 77 29 01
métro : Filles du Calvaire　ouverture : 火-木 11:00～19:00, 金-日 11:00～20:00

人と人、そしてフレッシュな味わいとの出会いの広場

北マレ地区にある「ジャック・ジュナン・フォンダー・アン・ショコラ」は、人と味わいの出会いの場所を作りたいという、ジャックさんの思いがつまったお店。17世紀に建てられた建物の中、400㎡の広々とした店内は1階がブティックとサロン、2階がアトリエという造り。中央にある、らせん階段をパティシエたちが行き来して、お菓子を運んでいます。25種類ほどあるボンボン・ショコラに、口の中であっというまにとろけていくキャラメルは、オープン当初から話題の品。「クラシックの中に真実がある」というジャックさん。ケーキでもパリ・ブレストやレモンタルト、ミルフィーユといったクラシックなレシピに愛情を注ぎ、素材のよさを引き出したフレッシュな味わいを生み出しています。

上:モダンなインテリアは、建築家のギヨーム・ルクレールさんによるデザイン。中:もともとホテルやレストランなどからオーダーを受けて手がけていたスペシャリテのキャラメルは、驚くほどにフレッシュな味わい。左下:しっかりしたシュー生地を楽しめるエクレア。中下:プラリネ風味のクリームがサンドされたパリ・ブレスト。右下:できたばかりのレモンタルトを手にしたジャックさん。

ECLAIR

左上：ブラックとミルク、2種類のチョコレートを比べてみることができるのも魅力。右上：シックなパッケージのプーアール茶をはじめ、コニャックやシャンパンなど、ジャックさんがセレクトした飲み物も。左中：できたてのおいしさを味わってほしいと注文を受けてから、アトリエで仕上げられるミルフィーユ。左下：カプチーノとショコラ・ショー。右下：天井が高く、開放的なサロン。

Atelier

らせん階段の上にある広々とした明るいアトリエで、生地づくり、キャラメルの包装、そしてケーキの仕上げの様子を見せてもらいました。「ムッシュー」とスタッフに慕われるジャックさんを中心に、和気あいあいとした雰囲気ながら、てきぱきとお菓子が仕上げられていきます。

Patrick Roger

パトリック・ロジェ

91, rue de Rennes 75006 Paris　tél : 01 45 44 6613
métro : Saint Sulpice, Rennes　ouverture : 月-土 10:30〜19:30
47, rue Houdan 92330 Sceaux　tél : 01 47 02 30 17
ouverture : 火-土 9:30〜13:00, 15:30〜19:30, 日 9:30〜13:00　www.patrickroger.com

ペルシュの森からの恵みを、ボンボン・ショコラに

フレッシュさがはじけるソースのような味わいが魅力の「パトリック・ロジェ」のチョコレート。「カカオもそこに加えるフレーバーもすべて、調味料のようなもの」というパトリックさん。チョコレートづくりを料理のように考えて、カカオのブレンドもレシピも、そのときの感性で自由に変化させていきます。パトリックさんはMOFを取得し、2007年にパリ市から最優秀ショコラティエとして表彰されるなど、注目を集める新しい世代のショコラティエ。6区レンヌ通りにあるお店は、出身地であるペルシュの森から運んできた木を使ったフローリング、そしてチョコレートをひきたたせるグリーンに包まれる空間。壁面には、娘さんのセレーストゥちゃんの写真が飾られています。

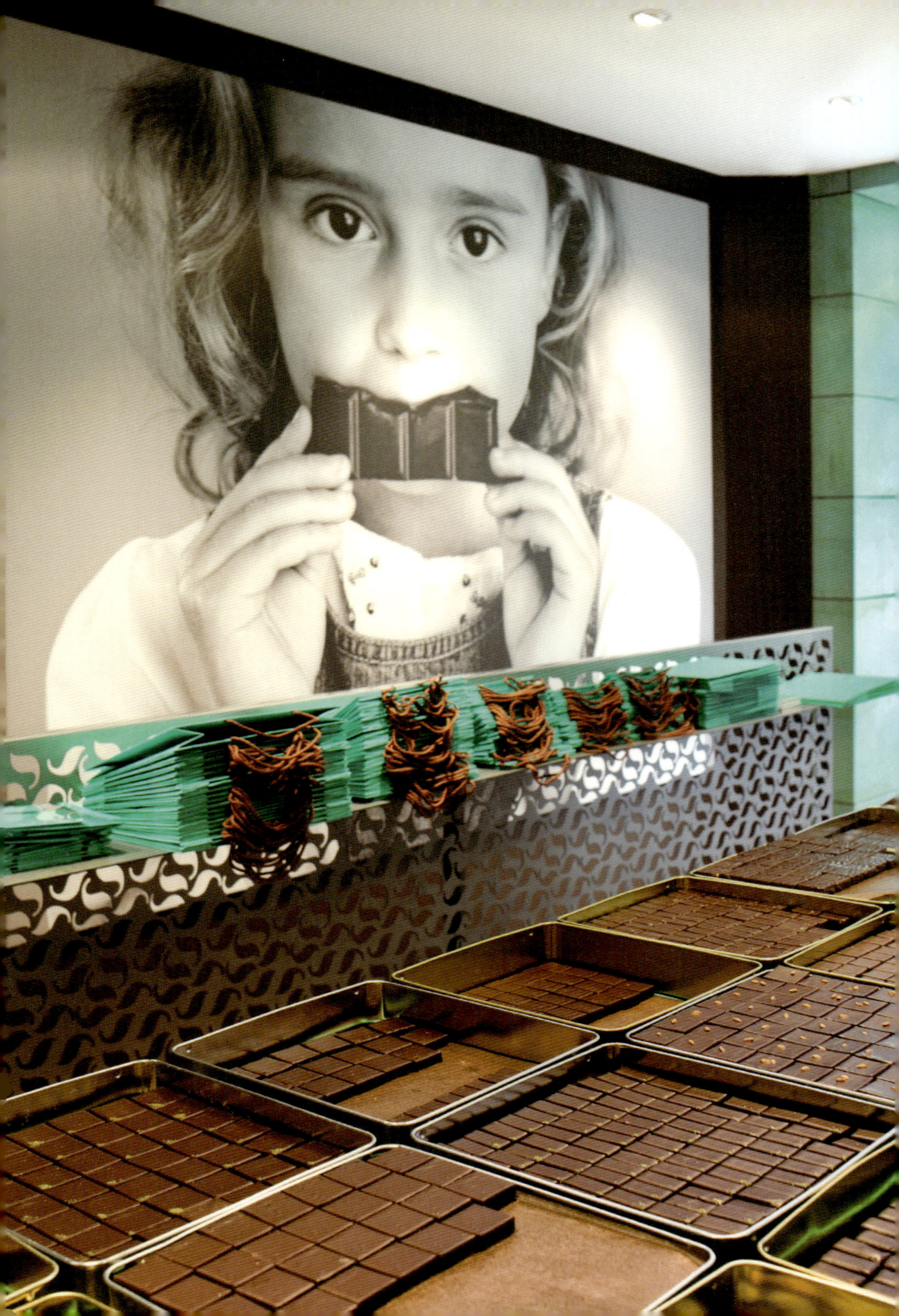

右上：グリーンにペイントしたバイクは、めくるめく風景の中を走るときにアイデアが浮かんでくるというパトリックさんの愛車。中：通りにむけて広々ととられたウィンドウが開放的。左下：インテリアやスタッフのユニフォームのアイデアも自ら出す、クリエイティブなパトリックさん。中下：フランス五月革命での学生デモのエピソードから作られた「パヴェ」。右下：ボックスに美しく詰められたボンボン・ショコラ。

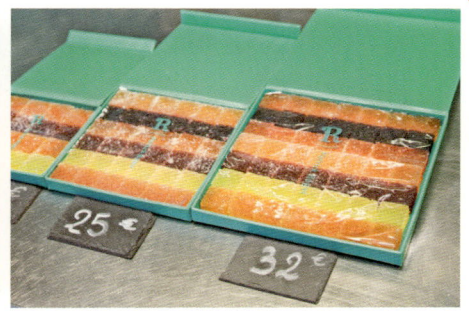

左上：マジパンで作ったクリエーションは、遊びごころたっぷり。右上：フレッシュなフルーツを使ったパート・ド・フリュイは色もあざやか。左中：キャラメリゼされたアーモンドとピスタチオがぎっしり。左下：ボンボン・ショコラの素材となる果物やハーブのほとんどが、ベルシュの実家の庭にある果樹園で栽培されたもの。右下：店内中央のディスプレイは、まるで絵本の中の世界のよう。

Jean-Charles Rochoux

ジャン゠シャルル・ロシュー

16, rue d'Assas 75006 Paris   tél : 01 42 84 29 45   métro : Rennes
ouverture : 月 14:30〜19:30、火〜土 10:30〜19:30   www.jcrochoux.fr

お客さんの思いに応える、チョコレートのアーティスト

風味豊かな40種類のボンボン・ショコラと、パリではめずらしい生チョコの「トリュフ」、そしてタブレットが並ぶ「ジャン゠シャルル・ロシュー」は、6区のアサス通りにあります。周りをぐるりと取り囲むようにディスプレイされているのが、型から手がけるチョコレートの彫刻たち。動物に赤ちゃん、エッフェル塔やアルファベットなどの形をしたチョコレートは、子どもたちに夢を与えるものとして、ジャン゠シャルルさんが力を入れているもののひとつ。お客さんが何を欲しているのかを選んで、思いに応えるショコラティエの仕事を楽しんでいるジャン゠シャルルさん。それはまるで薬剤師のようでもあり、薬としてたしなまれてきたチョコレートの歴史と重なるようでした。

左上：花束のように美しく箱詰めしてくれる、ジャン＝シャルルさん。左中：常連さんのことばがきっかけになって生まれた葉巻と、バーボン・フレーバーのボンボンの詰め合わせ。右上：ウィンドウに飾られたオブジェを興味深そうにのぞく人たちもたくさん。左下：ボンボンに使われたバーボンは、赤いろうの封が印象的な「メーカーズ・マーク」。右下：パリの思い出にと、ボックスにサイン。

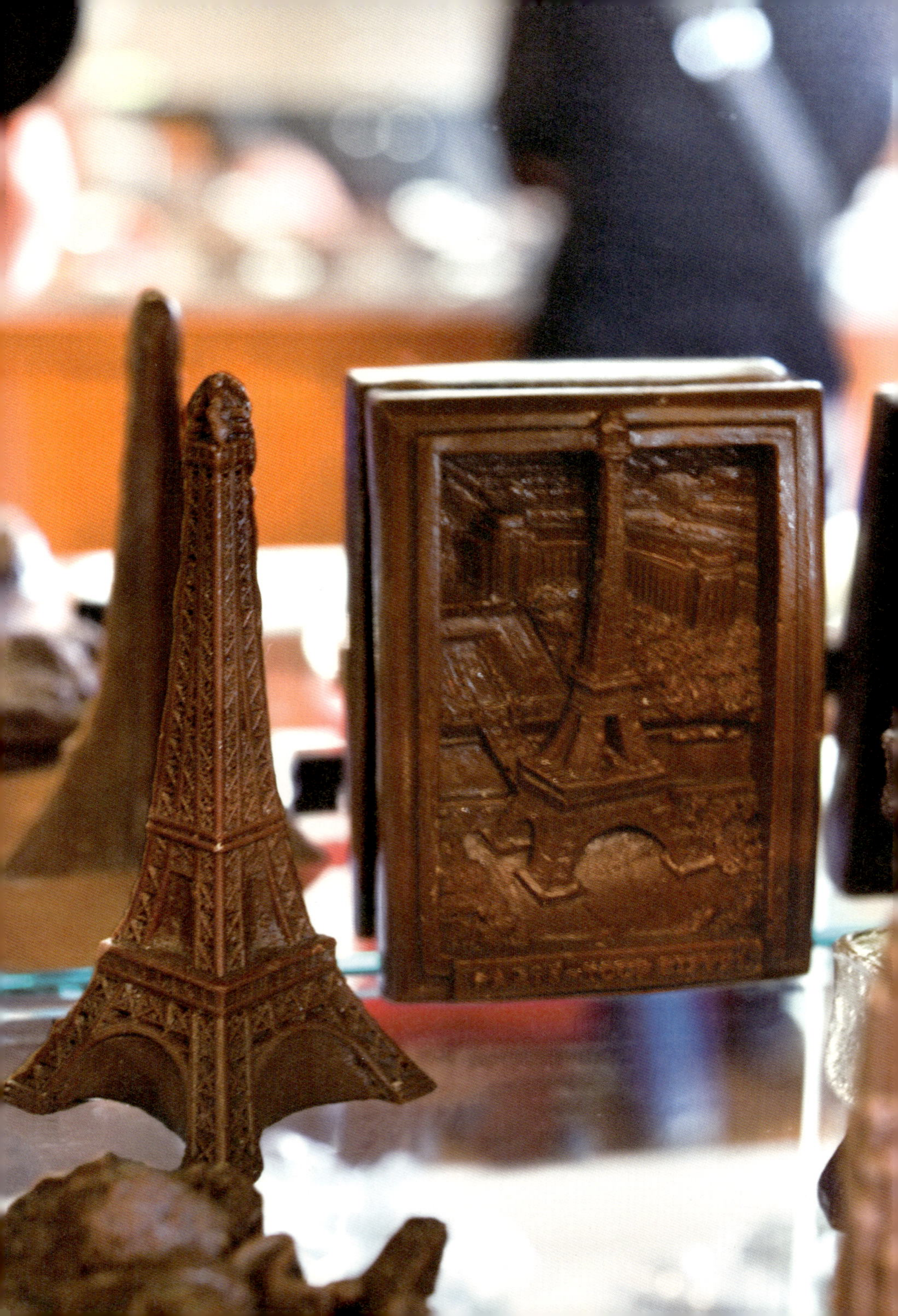

左上：クロコダイルの型押しボックスは、高級感たっぷり。飾られた写真は季節のフレッシュな果物を使った、土曜限定のスペシャル・タブレット。**中**：オーク材の家具が落ち着きを感じさせる店内。**左下＆右下**：肌の質感や毛並みなど、細部までリアルに作られたチョコレート彫刻。**中下**：ボンボン・ショコラをモチーフにしたペンダント。

Debauve & Gallais

ドゥボーヴ・エ・ガレ

30, rue des Saints Pères 75007 Paris　tél : 01 45 48 54 67　métro : Saint Germain des Près
ouverture : 月-土 9:30~19:00　www.debauve-et-gallais.com

フランス国王ご用達、おいしくて体によいチョコレート

サン・ペール通り沿いに建つ「ドゥボーヴ・エ・ガレ」は、フランスのチョコレートの歴史とともにあるお店。創業者のスルピス・ドゥボーヴは、ルイ16世とマリー・アントワネットの薬剤師だった人物。フランス革命の後に、甥のアントワーヌ・ガレとともに、チョコレートのお店を開きました。「おいしくて体によい」をテーマに、バニラやシナモン、オレンジの花など、体の器官に働きかける素材を組み合わせたチョコレートを生み出してきました。現在50種近くのボンボン・ショコラを扱っていて、そのレシピは200年の年月、変わらずに守られてきたものばかり。半月型の木製カウンターなど、当時の薬局で見られた要素を取り入れたインテリアがいまも店内に残ります。

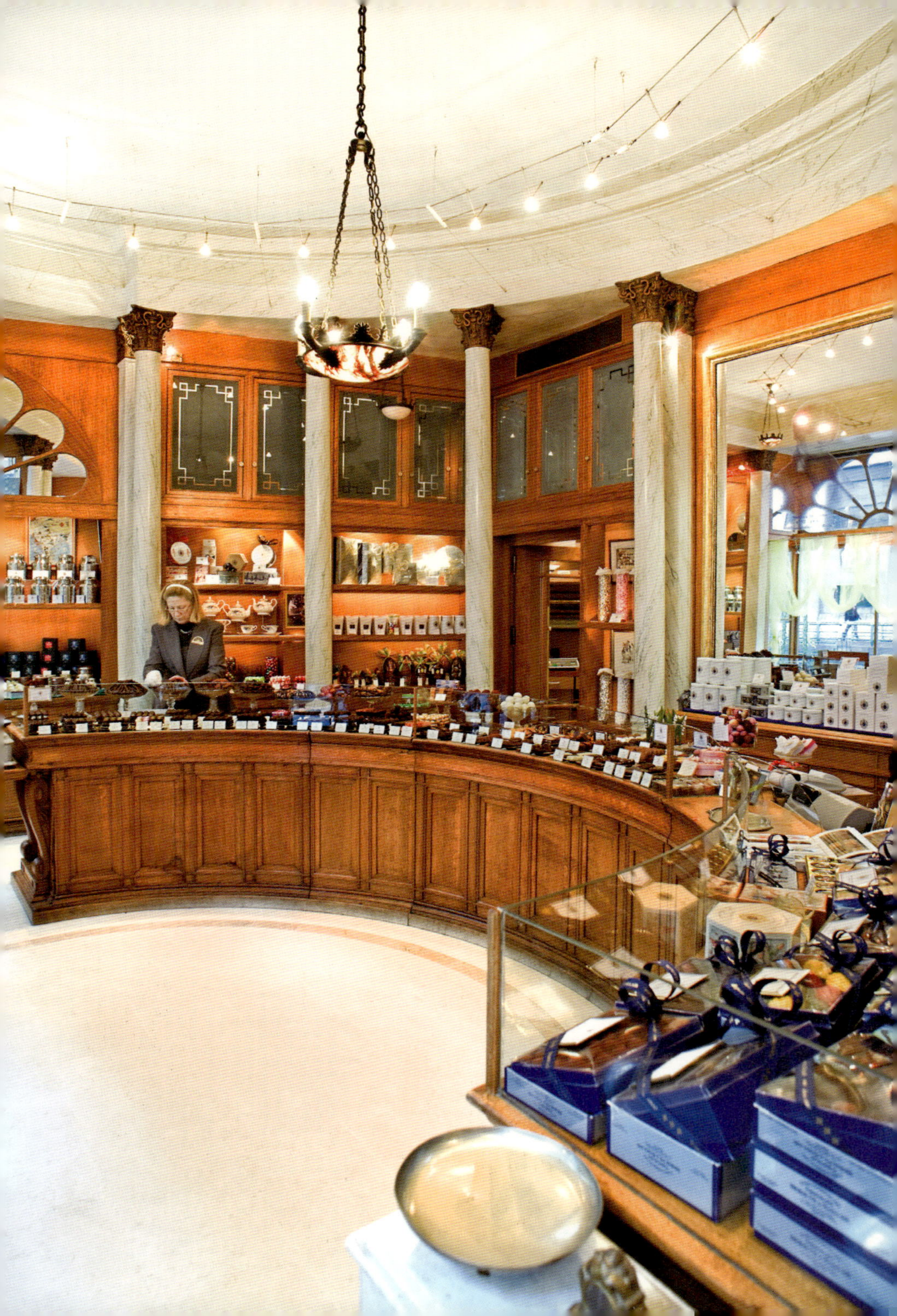

上：歴史的建造物として指定されている店舗は、ナポレオンがマルメゾンを建てさせた建築家として知られるペルシェとフォンテーヌのデザイン。中：大理石のはかりは、1800年代から使われているもの。左下：創業から一族によって守られてきた「ドゥボーヴ・エ・ガレ」7代目のベルナール・ブッサンさん。中下：カカオの実型のチョコレート。右下：アーモンドなど木の実がちりばめられた「マンディアン」。

左上：金貨を意味する「ピストル」と名付けられたチョコレート。8種類あるレシピは、マリー・アントワネットとルイ16世のために作られたもの。右上：「ピストル」がおさめられたアントワネットのイラスト入りボックス。左中：大理石の柱を飾るヘビの紋章は、薬剤師の証。左下：チョコレートの歴史をまとめた本。右下：王や貴族をはじめ、美食家たちを夢中にさせたチョコレートの数々。

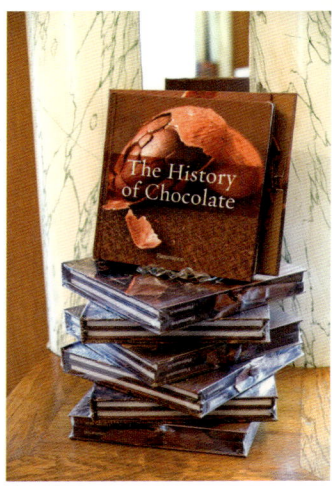

Jean-Paul Hévin

ジャン゠ポール・エヴァン

231, rue Saint Honoré 75001 Paris　tél : 01 55 35 35 96　métro : Tuileries
ouverture : 月-土 10:00~19:30　www.jphevin.com

チャーミングで、ピュアな味わいのチョコレート

ヴァンドーム広場からほど近いサントノレ通りにある「ジャン゠ポール・エヴァン」。白い石造りの壁に、人々をひきつけるショーウィンドウのディスプレイは、まるでジュエリー店のよう。そしてドアを開けると一瞬でカカオの香りに包まれて、うっとりするようなチョコレートの世界が広がります。MOFの称号を持つジャン゠ポールさんは、フランスの頂点に立つショコラティエのひとり。幼いころはわんぱくで仲間たちのリーダーながら、洋服など手作りすることが好きな子どもだったそう。そのクリエイティブな感性はいまも変わらず、ジャン゠ポールさんが手がけるチョコレートには、余計なものを削ぎ落としたピュアな味わいの中、チャーミングなアイデアがきらりと光るのが感じられます。

左上：店内奥にあるボンボン・ショコラのコーナー。フルーツやスパイス、リキュールなど、そのフレーバーの種類は30種以上。ライトの光を受けて、宝石のように輝きます。**中**：入り口近くのショーケースには、マカロンやケーキなどが並びます。**左下**：葉巻をかたどったチョコレート。**中下**：ビターな味わいのガナッシュがサンドされた「ピラミッド」。**右下**：青い缶に詰められたマカロン。

左上：土曜日限定のエクレアは、カカオの風味豊かなクリームがたっぷり。左中：ジャン＝ポールさんも
お気に入りのケーキのひとつという、ミルフィーユも土曜日だけのスペシャル・メニュー。右上：2階に
あるサロン・ド・テは、12時から19時までのオープン。お昼どきには、たくさんの人でにぎわいます。
左下：アボカドとグレープフルーツが入ったサラダ。右下：あっさりした味わいのチキンのカレー風味。

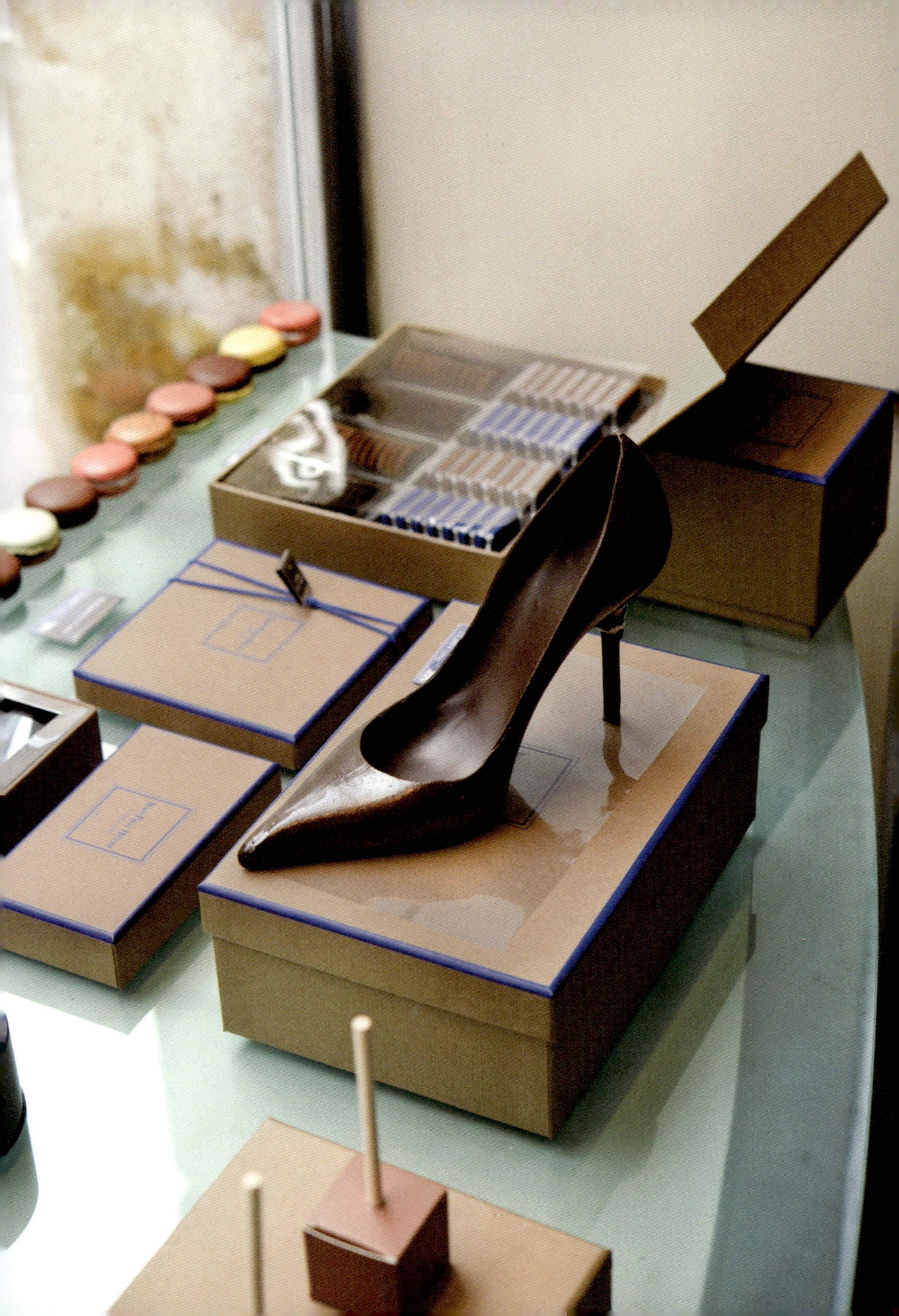

Raimo

ライモ

59-61, boulevard de Reuilly 75012 Paris　tél : 01 43 43 70 17　métro : Daumesnil
ouverture : 月-日 10:00〜22:00　www.raimo.fr

フレッシュでひんやり、アイスクリームのサロン・ド・テ

12区のヴァンセンヌの森のそばにあるアイスクリーム・サロン「ライモ」。お天気のよい休日の午後は、公園で楽しく遊んできた家族連れでにぎわいます。もともと1947年にイタリア出身のライモンド家が創業したお店で、フランス風のレシピで作ったフレッシュなアイスクリームが評判に！その秘密は、市場で手に入る新鮮な旬のものだけを使った素材へのこだわり。そしてオリジナルの軽やかな味わいの生クリームも欠かせません。2008年に2代目のジャンさんから、若いグラシエ・パティシエのウィルフリードさんとフランキーさんに、この伝統の味が引き継がれました。ふたり自らお店に立って、盛りつけなどを手がけるパフォーマンスも、ショップを楽しくしています。

左上：アイスクリームのショーケース前のスツールは、子どもたちに人気の席。右上：バラとヴィオレットのアイスをベースにした「クープ・フローラル」。右中：「ショコラ・リエジョワ」はクラシックなチョコレートのアイスと一緒に、かりかりしたロースト・アーモンドの食感が楽しめます。左下：ワゴンからスタートした「ライモ」の歴史を感じさせる写真。右下：隣りにある持ち帰り用のスタンドも大にぎわい。

Berthillon

ベルティヨン

パリジェンヌ気分で、アイスを片手にお散歩しよう

セーヌ河に浮かぶサン・ルイ島は、お散歩にぴったりの場所。この界隈を歩くときに試してほしいのが「ベルティヨン」のアイスクリーム。サン・ルイ・アン・リル通りにはサロン・ド・テを併設した本店があるほか、あちこちで「ベルティヨン」を扱う看板を見つけることができます。クリーミーなアイスクリームにフレッシュなシャーベット、それぞれに素材のおいしさがぎゅっと詰まっています。

LA TAVERNE DU SERGE

41

toute l'équipe du livre

édition PAUMES
Photographe : Hisashi Tokuyoshi
Design : Kei Yamazaki, Megumi Mori
Texts : Coco Tashima
Coordination : Aya Ito
Conseillère de la rédaction : Fumie Shimoji
Éditeur : Coco Tashima
Art direction : Hisashi Tokuyoshi

Contact : info@paumes.com　www.paumes.com

Impression : Makoto Printing System
Distribution : Shufunotomosha

Nous tenons à remercier tous les artistes qui ont collaboré à ce livre.

édition PAUMES　ジュウ・ドゥ・ポゥム

ジュウ・ドゥ・ポゥムは、フランスをはじめ海外のアーティストたちの日本での活動をプロデュースするエージェントとしてスタートしました。
魅力的なアーティストたちのことを、より広く知ってもらいたいという思いから、クリエーションシリーズ、ガイドシリーズといった数多くの書籍を手がけています。近著には「ロンドンのアンティーク屋さん」や「パリジェンヌのアパルトマン」などがあります。ジュウ・ドゥ・ポゥムの詳しい情報は、www.paumes.comをご覧ください。

また、アーティストの作品に直接触れてもらうスペースとして生まれた「ギャラリー・ドゥー・ディマンシュ」は、インテリア雑貨や絵本、アクセサリーなど、アーティストの作品をセレクトしたギャラリーショップ。ギャラリースペースで行われる展示会も、さまざまなアーティストとの出会いの場として好評です。ショップの情報は、www.2dimanche.comをご覧ください。

Pâtisseries à Paris
パリのお菓子屋さん

2009年 9月10日 初版第 1刷発行

著者:ジュウ・ドゥ・ポゥム

発行人:徳吉 久、下地 文恵
発行所:有限会社ジュウ・ドゥ・ポゥム
　　　　〒150-0001 東京都渋谷区神宮前 3-5-6
　　　　編集部 TEL / 03-5413-5541
　　　　www.paumes.com

発売元:株式会社 主婦の友社
　　　　〒101-8911 東京都千代田区神田駿河台 2-9
　　　　販売部 TEL / 03-5280-7551

印刷製本:マコト印刷株式会社

Photos © Hisashi Tokuyoshi
© édition PAUMES 2009 Printed in Japan
ISBN978-4-07-267890-9

Ⓡ <日本複写権センター委託出版物>
本書(誌)を無断で複写複製(コピー)することは、著作権法上の例外を除き、禁じられています。本書(誌)をコピーされる場合は、事前に日本複写権センター(JRRC)の許諾を受けてください。
日本複写権センター(JRRC)
http://www.jrrc.or.jp　メール:info@jrrc.or.jp　電話:03-3401-2382

＊乱丁本、落丁本はおとりかえします。お買い求めの書店か、主婦の友社 販売部MD企画課 03-5280-7551 にご連絡下さい。
＊記事内容に関する場合はジュウ・ドゥ・ポゥム 03-5413-5541 まで。
＊主婦の友社発売の書籍・ムックのご注文はお近くの書店か、コールセンター 049-259-1236 まで。主婦の友社ホームページ http://www.shufunotomo.co.jp/ からもお申込できます。

ジュウ・ドゥ・ポゥムのクリエーションシリーズ

41人のパリジャンたち、おすすめのおみやげ
Souvenirs de Paris
パリのかわいいおみやげガイド

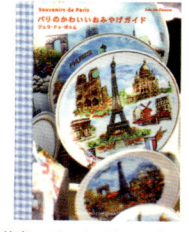

著者：ジュウ・ドゥ・ポゥム
ISBNコード：978-4-07-251794-9
判型：B6・本文 128 ページ・オールカラー
本体価格：1,600 円（税別）

パリジャンたち39人が教える、グルメなパリ
Paris Miam Miam
パリジャンたちのおいしいパリガイド

著者：ジュウ・ドゥ・ポゥム
ISBNコード：978-4-07-253132-7
判型：B6・本文 128 ページ・オールカラー
本体価格：1,600 円（税別）

大好きなフランス映画と一緒に、パリをお散歩
Promnade à Paris Avec Les Films
映画でお散歩パリガイド

著者：ジュウ・ドゥ・ポゥム
ISBNコード：978-4-07-248310-7
判型：B6・本文 128 ページ・オールカラー
本体価格：1,600 円（税別）

本を愛する人たちのためのパリガイド
Paris Bouquins
パリの本屋さん

著者：ジュウ・ドゥ・ポゥム
ISBNコード：978-4-07-261574-4
判型：A5・本文 128 ページ・オールカラー
本体価格：1,800 円（税別）

のみの市にブロカント、古いオブジェの宝石箱
Paris Brocante
パリのアンティーク屋さん

著者：ジュウ・ドゥ・ポゥム
ISBNコード：978-4-07-260400-7
判型：A5・本文 128 ページ・オールカラー
本体価格：1,800 円（税別）

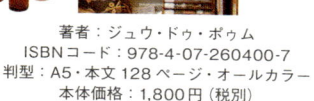

アンティークの街で出会った、素敵なお店とマーケット
London Vintage
ロンドンのアンティーク屋さん

著者：ジュウ・ドゥ・ポゥム
ISBNコード：978-4-07-267460-4
判型：A5・本文 128 ページ・オールカラー
本体価格：1,800 円（税別）

www.paumes.com

ご注文はお近くの書店、または主婦の友社コールセンター（049-259-1236）まで。
主婦の友社ホームページ(http://www.shufunotomo.co.jp/)からもお申込できます。